Die Neuen Medien haben Einzug in die Gesellschaft gehalten. Die Wirtschaft rüstet, die Politik brüstet sich mit ihnen. Aber in der Schule wissen allenfalls der Physik- und der Mathematiklehrer, was man mit einem Computer anfangen kann – und immer mehr Schüler. Was die Neuen Medien *mit uns* tun, weiß noch niemand. Die Verkabelung der Bundesrepublik, die Zulassung privater Sender, die Verbindung von Fernsehen mit den zentralisierten Datenverarbeitungsanlagen und Informationsspeichern werden unser Leben – unsere Arbeit, unser Privatleben, unsere Politik – gründlicher verändern als irgendeine andere Erfindung der Neuzeit.

Dieses Buch will ein deutliches (und also schmerzliches) Bewußtsein von den Problemen und Gefahren wecken, die die übereilte und unbedachte Einführung der Neuen Medien erzeugt. Es geht um Übersicht und Anschauung, Ernüchterung und Ermutigung, Nachdenklichkeit und Tat.

Hartmut von Hentig, geboren 1925, lehrt seit 1968 an der Universität Bielefeld und leitet dort die von ihm konzipierte Laborschule des Landes Nordrhein-Westfalen. Sein Werk im Carl Hanser Verlag: *Was ist eine humane Schule?* 7., aktualisierte Auflage 1987; *Aufgeräumte Erfahrung,* 1983; *Die entmutigte Republik,* 1980; *Ergötzen, Belehren, Befreien. Schriften zur ästhetischen Erziehung,* 1985; *Arbeit am Frieden. Übungen im Überwinden der Resignation,* 1987.

Hartmut von Hentig

Das allmähliche Verschwinden der Wirklichkeit

Ein Pädagoge ermutigt zum Nachdenken über die Neuen Medien

Erweiterte Neuausgabe

Carl Hanser Verlag

ISBN 3-446-15052-8
3., erweiterte Auflage 1987

Umschlag: Klaus Detjen, Hamburg,
unter Verwendung einer Computergrafik
© IPCE, Bavaria-Bildagentur
Satz: Janß, Pfungstadt
Druck und Bindung: Appl, Wemding
Printed in Germany

Auf zwei Beinen stehe
Oben sei ein Kopf

Für Marion Dönhoff

Inhalt

Obwohl ich mich – wie ich zuvor glaubte – gründlich vorbereitet habe, sind meine Fragen zum Computer offensichtlich ungenau, und Frank stöhnt immer wieder, er habe das Gefühl, ›einem Bantuneger ein Atomkraftwerk erklären zu müssen‹. Geduldig versucht er mir in immer neuen Anläufen den Aufbau eines simplen Karteiprogramms begreiflich zu machen, mit dem man sein privates Adreßbuch ersetzen kann, das aber auch ein Grundbaustein der Raster-Fahndung ist.

Frank benutzt – wofür ich ihm außerordentlich dankbar bin – die leicht verständliche Computersprache BASIC: Er schreibt auf dem Monitor in genau durchnumerierten Zeilen den Namen, darunter die Anschrift, dann den Beruf und die Telefonnummer einiger fiktiver Personen. Vor den Namen setzt er das Wörtchen ›IF‹, dahinter den Befehl ›GO TO‹ und dann die Ziffern der Zeilen, auf denen er die dazugehörigen Personalangaben notiert hat. ›Der Computer‹, fügt er hinzu, ›folgt stur dem Algorithmus. Das heißt: Wenn ich ihm eine Aufgabe stelle, fragt er eine Programmzeile nach der anderen ab und vergleicht sie mit dem neu eingegebenen Text. Hat er die richtige gefunden, folgt er den weiteren Anweisungen, die er auf dieser Zeile vorfindet.‹

Frank hat sein Kurz-Programm – das für mich nicht mehr darstellt als eine Adressenliste mit seltsamen Zusätzen – inzwischen fertig und läßt es mit einem Tastendruck vom Monitor verschwinden. Nun darf ich einen der ausgedachten Namen eintippen – und sofort spuckt der Computer die entsprechenden Personalien aus. Er hat, veranlaßt durch das englische Wort ›IF‹ (für ›Wenn‹) in Sekundenbruchteilen den eingegebenen mit den gespeicherten Namen verglichen und den richtigen ausfindig gemacht. Dann hat er hinter dem entsprechenden Namen den Befehl ›GO TO‹ (für ›Gehe zu‹) gelesen und daraufhin folgsam den Text jener Zeilen auf dem Monitor erscheinen lassen, deren Ziffern Frank zuvor auf der Namenszeile hinter ›GO TO‹ notiert hatte.

Uwe Wittstock

Die Gärten des Adonis

Vor Tausenden von Jahren lebte in Ägypten ein Dämon namens Theuth. Dieser sei zum König Thamos von Ägypten gekommen und habe ihm seine Erfindungen angeboten: die Zahl, die Rechen- und Meßkunst, die Sternenkunde, das Würfel- und Brettspiel – und die Buchstabenschrift. Auf diese letzte Erfindung sei Theuth besonders stolz gewesen: Sie werde dem Gedächtnis des Menschen zu Hilfe kommen. Thamos habe alle anderen Gaben dankbar entgegengenommen, die Schrift aber habe er zurückgewiesen: Eines sei es, eine Erfindung zu machen, ein anderes, sie richtig einzuschätzen. Die Schrift werde nicht, wie Theuth meine, das Gedächtnis der Menschen stärken, sondern allenfalls ihre Erinnerung. Seinen Schülern bringe er nur den Schein der Erkenntnis, nicht die Wahrheit. Die Menschen würden, mit Hilfe der Schrift, viel aufnehmen, ohne es zu verstehen – wie Leute, die auf dem Marktplatz viel gehört haben und nun meinen, sie wüßten es oder hätten es erlebt. Das Geschriebene sei kein Gesprächspartner. Wenn man es etwas frage, »antwortet es immer das gleiche«; es könne über sich selbst nicht Auskunft geben. Wie ein Kind bedürfe es eines Vaters, um sich zu erklären. Wolle einer ernstlich einen Gedanken aufbewahren und weitergeben, dann säe er ihn nicht in das präparierte Buchstabenbeet, wo er schnell aufgehe wie die ›Adonisgärten‹ und ebensoschnell wieder vergehe, er werde ihn nach den Regeln der ›Dialektik‹ – des kritischen Gesprächs – in den Acker der Seele des anderen säen.

Dies erzählt Sokrates dem Phaidros, mit dem er sich im Laufe dieses Gesprächs darüber einigt, daß man wissen muß, was das Schöne ist, will man nicht auf das Gefällige hereinfallen – »wenn auch der Umweg weit ist, denn großer Dinge wegen muß man ihn machen« (Phaidros, 274c ff.).

Rund 2400 Jahre nach Sokrates kommt ein anderer Theuth zu uns und preist uns seine Erfindung an, den Computer und die ihm angeschlossene Telekommunikation. Der Computer befreie uns von der Last untergeordneter, fehleranfälliger, zeitraubender Operationen des Denkens zu den eigentlich schöpferischen Leistungen des menschlichen Geistes; die neugeschaffene künstliche Intelligenz sei der natürlichen durch die Möglichkeit der schier grenzenlosen Akkumulation, Kombination, Generalisierung und Individualisierung von Wissensdaten überlegen; die »lineare« Kausalität, der wir durch die zeitliche Struktur der Sprache und den eindimensionalen Ablauf der Schrift – trotz besseren Wissens – immer wieder verfallen, werde durch komplexe Bedingungsmuster ersetzt; mühelos ließen sich »alternative Zukünfte« mit alternativen Variablen errechnen; ganze Expertensysteme könnten dem einzelnen zur Verfügung gestellt werden; ein solches – beispielsweise medizinisches – Expertensystem, in dem Lösungsstrategien und Wissensdaten gespeichert seien, erfülle zudem das Ideal der Wissenschaft: es lege offen, in welchen Schritten es zu seinen Folgerungen und Bewertungen komme, und mache unbarmherzig die Lücken im Erkenntnissystem sichtbar (Schmidt, FAZ 10. 8. 83); durch ein Breitband-Telekommunikationssystem könne die Öffentlichkeit, könne jedermann Anschluß an das reiche Wissens- und Denkpotential der gesamten Menschheit finden und es durch seine Nutzung – nämlich neue Kombinationen von Daten für je neue Zwecke – gleichsam von selbst vermehren; die neuen Verteilersysteme »sichern den Weg in die Kommunikationsgesellschaft«, in eine »Gesellschaft mit hohem Demokratie- und Freiheitsanspruch« (Schwarz-Schilling, FAZ 27. 10. 83);

das Breitbandkabelnetz sei das »Nervensystem der neuen Gesellschaft«, der Klein-Computer »das Infanterie-Gewehr des Fortschritts«; »an die Stelle der Wehrtüchtigkeit der Nationen tritt ihre Computertüchtigkeit« (Held, FAZ 12. 8. 83); das Zeitalter sei angebrochen, in dem jeder einzelne die Chance habe, *seine* Bedürfnisse nach Information, Unterhaltung, Teilnahme am öffentlichen Geschehen zu erfüllen, der Pluralismus, auf den unsere Gesellschaft politisch angelegt ist, werde hier technisch möglich gemacht.

Neben den Preisungen gibt es Prognosen und Warnungen. Zu den *Prognosen* zählt, was die Autoren von *Auf Gedeih und Verderb,* des dritten Berichts an den Club of Rome, schreiben:

Wir neigen zu der Auffassung, daß die Auswirkungen des integrierten Schaltkreises in der Tat revolutionär sind. Keine andere Erfindung oder Entdeckung seit der Dampfmaschine hat so weitgehende Auswirkungen auf alle Bereiche der Wirtschaft...

Diese waren in der Regel »nur sektoral oder vertikal«. Die Mikroelektronik werde nicht nur die herkömmlichen Tätigkeiten in der Industrie, im Dienstleistungsgewerbe, in der Landwirtschaft verändern, sondern durch Einbeziehung des »Denkens« und des »Gedächtnisses« Wesen und Richtung der Entwicklung verändern. Sie werde das Büro, die Fabrik, den Haushalt gründlich verwandeln: Die Tischkonsole des Heimcomputers, verbunden mit einem Fernsehschirm, werde in Zukunft eine »selbständige und zentrale Einrichtung« in den meisten Wohnungen der Industrieländer sein.

Mit Hilfe dieser Anlage kann die Familie ihre Rechnungen bezahlen, nachdem sie ihren Kontoauszug bei der Bank abgerufen hat, sie kann beim Frühstück die im Laufe der Nacht eingegangene elektronische Post durchsehen sowie die verschiedenen von der Familie abonnierten Zeitungen und Zeitschriften überfliegen oder lesen. Die Anlage... wird eine breite Palette von Unterrichtsmöglichkeiten und handwerkliche und künstlerische Ausbildungskurse anbieten und von den Kindern bei der Erledigung ihrer Hausaufgaben benutzt werden.* Ist ein Familienmitglied mit Forschungsaufgaben befaßt, ermöglicht der Computer den Kontakt mit Kollegen und Dialoge über anstehende Probleme. Als Unterhaltungseinrichtung gibt er nicht nur die regulären Fernsehprogramme wieder und stellt ein Repertoire musikalischer Angebote zur Verfügung, sondern auch Computerspiele aller Art oder Schachpartien mit nahen oder fernen Freunden. Die Hausfrau wird, wenn sie es wünscht, in der Lage sein, ihre Einkäufe mit Hilfe des Computers zu tätigen, der ihr Einblick in die Regale des Supermarktes verschafft, damit sie die Waren selbst auswählen kann, und gleichzeitig die Rechnung direkt und sichtbar von ihrem Familienkonto abbucht. (S. 16)

Auch ärztliche Diagnosen werden über den Bildschirm eingeholt; man kann sich mit dem Seelsorger in Verbindung setzen und gleich an einem Gottesdienst teilnehmen – auf Kanal 7; man kann die Tagespolitik, besser noch die Politiker selbst, kritisieren, um Rechenschaft angehen und die Big Brothers der Massenmedien beschimpfen oder anregen oder loben. – Sind die Kinder fort, gehen die Eltern an ihre Heimarbeit, die Mutter – sie ist Sekretärin – an den Bildschirmschreiber, der Vater – er ist Kaufmann oder Redakteur oder Syndikus – an seinen Terminal, wo er seine Konferenz einschaltet.

Soweit die Wohnung. Die Veränderungen im Büro und im Betrieb sind noch einschneidender. Ja, unser Arbeitssystem selbst wird radikal verändert. Der Mensch wird durch Rationalisierungsmaßnahmen weitgehend verdrängt. An die Stelle von Arbeit tritt Beschäftigung.

Das Wort Arbeit bedeutet hier... die Tätigkeit des Menschen, die in der Produktion... oder in den Dienstleistungsbereichen...

* Alles wird sich ändern – aber daß Hausaufgaben verschwinden, können sich diese Prognostiker einfach nicht vorstellen!

durch Anwendung physischer oder geistiger Kraft bestimmte Wirkungen erzielen will. (S. 319)

Diese Tätigkeit werde durch andere, eben »Beschäftigung« genannte Tätigkeiten ersetzt, »die dem Menschen den Lebensinhalt oder ... den ›Sinn des Lebens‹ wiedergeben werden.« »Wie kann man Beschäftigung für alle finden?« fragen die Autoren des Berichts an den Club of Rome weiter und antworten:

Die einfachste Lösung wäre die Einführung einer ständigen Fortbildung in differenzierter Form und nach alternativen Modellen, einer Fortbildung, die mit Arbeit im herkömmlichen Sinn oder anderen Beschäftigungen abwechselt und an der alle Menschen bis zur Pensionierung teilnehmen sollten. Damit wären zwei soziale Anliegen zugleich bewältigt. Alle Menschen würden eine sinnvolle Beschäftigung und damit auch einen neuen ›Lebenssinn‹ finden, und die Gesellschaft als Ganzes hätte damit die Möglichkeit, das uralte humanistische Ideal des ›Universalmenschen‹ zu verwirklichen. (S. 326)

Es gelte, ein »Instrumentarium« zur Verfügung zu stellen, das ermöglicht, den Lernprozeß ein ganzes Leben lang fortzusetzen. Dazu müßten »heute vernachlässigte« Disziplinen gelehrt werden wie beispielsweise »Ästhetik«, die in die verschiedenen Bereiche künstlerischer Arbeit einführt, und »Rhetorik« als Vorbereitung auf die aktive Teilnahme am öffentlichen Leben – und natürlich »Informationstechnik«, denn von ihr lebe ja das ganze System. Der *homo laborans* werde zum *homo studiosus*, ohne die Eigenschaft des *homo ludens* einzubüßen – hierin, heißt es, liege ein unbezweifelbarer Fortschritt (S. 328).

Und die *Warnungen* (wohlgemerkt: die Warnungen des neuen Theuth an einen möglicherweise unwilligen König Thamos, nicht Warnungen vor Theuth und seiner Erfindung!): Uns drohe ein Computer-Analphabetentum; eine neue Bildungskrise sei angebrochen; die Bundesrepublik verpasse den Anschluß an die technischen und wirtschaftlichen Entwicklungen; unsere Schulen verschlafen die eigentliche Revolution des Lernens und Wissens.

Mit den neuen Medien sind uns noch einmal die Grundfragen der Menschheit gestellt. Gewiß auch die Frage, *wie* wir die durch sie geschaffene neue Lage bewältigen: Arbeitslosigkeit und Entfremdung, Datenschutz und Dezentralisation, Nord-Süd-Gefälle und die neuen technokratischen Eliten, Verfeinerung der Kriegstechnik und damit fortgesetzte Unterhöhlung der Gleichgewichtsstrategie usf. Vor allem aber die Frage, *was* Beweggrund und Ziel unserer Bemühungen auf dieser Erde eigentlich sind.

Die Vision der Zukunft, die uns diese ›dritte technische Revolution‹ bescheren wird, kann nur naive – sehr bedenkenlose oder sehr phantasielose – Menschen freuen. Zugleich ist offenbar, daß sie von den Menschen ›gemacht‹ wird. Warum ›machen‹ sie eine Welt, die ihnen unheimlich sein muß, die sie nicht überzeugt, die ihnen nicht bekommt? Was geschieht ihnen, uns allen, wenn Arbeit der Beschäftigung, Handlung den Prozessen, Wissen der Information, das Gespräch der Massen-Tele-Kommunikation-mit-Rückkanal weicht und ›Bildung an sich‹ zum Inhalt des Lebens wird, nicht weil wir sie wollen und brauchen, sondern weil uns nichts anderes übrigbleibt?

Das Thema ist so groß, daß ich mir nicht anmaße, es hier auf wenigen Seiten abzuhandeln – obendrein aus der Sicht einer besonderen, wenn auch nicht unpolitischen und unphilosophischen Disziplin. Pädagogen können sich die Frage nach der guten Gesellschaft nicht ersparen, und was sie tun, dient immer auch der Selbstdeutung des Menschen. Aber beides müssen sie von ihrem besonderen Auftrag und ihrer besonderen Kompetenz her angehen. Ich tue das, indem ich mich auf drei Fragen beschränke. Beschränkung ist hier keine Bescheidung – es bleibt ungeheuerlich genug, was ich da vorhabe. Ich frage:

I. Was sind Medien – was ist ihre vernünftige Funktion und wo hört diese auf? – Diese Frage hat mir Platon auf die Brust gesetzt. Ich will an Unterrichtsmitteln herkömmlicher und neuer Art gleichsam im kleinen prüfen, was sich die Gesellschaft im großen antut.

II. Welchen Wandel wird die Zunahme von Computertechnik und Telekommunikation in der Gesellschaft bewirken und wie sieht dann das Aufwachsen in dieser Gesellschaft aus? – Diese Frage scheinen die anderen, die Politiker, Techniker und Ökonomen hartnäckig zu vergessen, und (nicht nur) darum müssen wir Pädagogen sie stellen.

III. Welche Chancen hat die Pädagogik (ich drücke mich altmodisch, aber klar aus), einen Menschen zu erziehen, der der Computer- und Bildschirmwelt gewachsen ist – der fähig bleibt für die Suche nach Wahrheit, den Kampf um Gerechtigkeit, *the pursuit of happiness?*

Die Reihenfolge der Fragen gehorcht nicht der Logik, sondern einer Dramaturgie. Ich muß sorgfältig mit der Geduld meiner Leser haushalten. Sie möchten diese verlieren, wenn ich mit meiner Antwort auf die dritte Frage begänne.

I.
Was sind Medien – was ist ihre vernünftige Funktion, und wo hört diese auf?

Eine Analyse eines allzu geläufigen Begriffs

Medium heißt ein Mittleres, etwas, das zwischen den Täter und sein Objekt tritt. Als Mittel ver-mittelt es dessen Tatabsicht. Die lateinische Grammatik schreibt daür den *ablativus instrumentalis* vor. Ein Werkzeug ist ein Mittel. Nicht jedes Mittel ist ein Werkzeug. Es gibt Mittel von solchem Ausmaß und solcher Bedeutung, daß sie ganze Handlungssysteme darstellen – Politik, Philosophie, die Sprache, das Geld; man vergißt darüber ihren instrumentellen Charakter; ja, sie setzen selber Zwecke, die härter und uns bewußter sind als die, denen sie eigentlich dienen. Wir vergessen, daß sie ein Mittleres sind und woraufhin sie es sind.

Von den Neuen Medien wird, seit es sie gibt, wie von einer neuen Wirklichkeit gesprochen. Sie erscheinen selbst als das Ereignis, um das es geht und das man nun in diese oder jene Bahn lenkt, so oder so finanziert, in der einen oder anderen Rechtsform dem System der vorhandenen Medien einpaßt. Die Neuen Medien sind so total, erfassen so viele Seiten unseres Lebens, daß es nicht sinnvoll ist, nach der Erfüllung spezieller Zwecke zu fragen. Und eben damit verändern sie das Grundverhältnis von Mittel und Zweck. Wir verlieren den Maßstab. Das Mittel verselbständigt sich.

Ob ich ein taugliches oder falsches Instrument benutze, erkenne ich an den Folgen – wenn der Nagel, den ich mit dem Absatz meines Schuhs einschlage, krumm wird oder die Wand schmutzig. Ob die Mittel der nationalen Verteidigung oder das öffentliche Schulwesen oder das Verkehrssystem taugen, läßt sich so nicht mehr überprüfen; sie sind nicht mehr von den anderen Ordnungen unseres Lebens zu trennen, ihre Folgen sind ihrerseits instrumentalisiert; ihre Ursachen und ihre Begründungen kann man nicht mehr auseinanderhalten.

Das Telos der Neuen Medien ist Vermittlung von Information. Wie dies zweckmäßig vor sich geht, sieht man am einfacheren und direkten Einsatz von Medien im Unterricht, wo sich diese Funktion noch einigermaßen rein ausmachen läßt. Ich nehme darum die Unterrichtsmittel als Beispiel für die Anforderungen, die man an Medien überhaupt zu stellen, für die Kritik, die man an ihnen überhaupt zu üben hat.

Im Unterricht gibt es Mittel für das Lehren, Mittel für das Lernen und Mittel, die gleichzeitig für beides taugen. Sie dienen sehr unterschiedlichen Einzelzwecken: dem Erklären, der Veranschaulichung, der geordneten Verfügung, dem Aufbewahren, dem Üben usf.

Alte Medien

Hätte ich unter alten und neuen Unterrichtsmitteln ein einziges zu wählen, ich wählte Tafel-und-Kreide. Was macht dieses Mittel so brauchbar?

– Es ist universal.
– Es ist einfach, in jedem Augenblick und auch ohne Vorbereitung zu handhaben.
– Es erlaubt beispielsweise, während ich rede, ein neues Wort, einen unbekannten Namen, das Gehörte und Gemeinte auch vor das Auge der Schüler zu bringen.
– Es läßt diese miterleben, wie die Erklärung, die ich gebe, zustande kommt, wie eine Ordnung entsteht, wieviel Zeit das braucht und wie nützlich und befriedigend Klarheit, Verständlichkeit, Gegensatz und Unterscheidung sind.
– Ich bin vor allem ganz frei in der Verwendung dieses Mittels, ich kann es nebenbei benutzen oder zum Haupteffekt machen; ich kann dazu reden oder dazu schweigen, ohne die

Aufmerksamkeit der Schüler zu verlieren; ich kann Fehler schnell beseitigen; ich kann die Schüler an einer gemeinsamen Operation beteiligen: »Und wie fälle ich jetzt das Lot? – willst du's versuchen, Gertrud?«

Ich verwende das Mittel Tafel-und-Kreide als eine Verlängerung meiner Person. Diese spielt im Unterricht immer mit. Ich unterrichte Latein. Die Wörter erkläre ich oder ich zeichne das, was sie selbst be-zeichnen: *scutum* sieht so aus, *clipeus* so und *parma* so. Aber die logische Beziehung Täter/Tat, Subjekt/direktes Objekt/indirektes Objekt; 1./2./3. Person; genus activum/genus passivum stelle ich durch Handlung und Gestik dar (und lasse es darstellen), bevor ich es erkläre, einordne, symbolisiere und am Ende auf den Begriff bringe.

Wie das Zeichnen an der Tafel hat meine Person eine konzentrierende Wirkung. Meine Gesten und mein Gesichtsausdruck sind variabel, sie ›verschwinden‹ und können, wenn ich sie brauche, in jedem Grad von Intensität wiedererscheinen. Tafelbild und Person sind befragbar.

Aber man kann sie nicht nach Hause nehmen – sie sind kein Übungsgerät, kein Nachschlagewerk, kein Mittel der bleibenden und objektivierenden Übersicht und keines der Selbstprüfung. Hierfür haben wir Karten und Lexika, das Buch und den Abacus, den vervielfältigten Arbeitsbogen und das Schulheft. An der Wand meiner Unterrichtsfläche hängen ständig eine Land- und eine Geschichtskarte, geniale Erfindungen, die – kein Paradox! – Anschauung durch Abstraktion geben.

Was das Schulbuch betrifft: In meinem Fach brauche ich eine Grammatik, eine Wortkunde, Lesetexte. Die vorgängige Abstimmung der drei Elemente aufeinander ergäbe ein Lehrbuch – und *das* brauche ich nicht. Es würde mich festlegen, mich zwingen, die Adjektive jetzt zu behandeln und mit ihnen gleich die Frage nach dem natürlichen und grammatischen Geschlecht; ich aber möchte sie den Schülern erst zumuten, wenn ich den Satz im Rohbau fertig habe. Ich ziehe also voneinander unabhängige Sammlungen von Wörtern und grammatischen Regeln vor – und Lesetexte nützen mir überhaupt erst von einer bestimmten Stufe der Komplexität an. Vorher muß ich die Texte selber machen, damit sie zu meinen didaktischen Absichten, meinen Einfällen, unseren gemeinsamen Erlebnissen und Interessen passen.

Ein Geschichtsbuch stelle ich mir ähnlich entmischt vor: Zeittafeln und Dokumente; ein Physikbuch: einerseits elementare Begriffe und Exempel ihrer Anwendung und andererseits Darstellungen der bedeutenden Entdeckungen, Experimente, Apparaturen, die nicht im Physikraum vorgestellt werden können. Möglicherweise muß es Bücher geben, in denen ein Schüler nachlesen kann, was er gesehen – oder versäumt – hat. Freilich, gerade wenn diese Bücher gut sind, wird es sich kaum verhindern lassen, daß sie von Lehrern und Schülern mißbraucht werden: daß das Nachlesen an die Stelle der Erfahrung tritt.

Dürfte ein Film das tun? Ich bin ein großer Freund von Filmen. Sie taugen erstens dazu, die Schüler in ein Problem hineinzuziehen, mit dessen Lösung man sie befassen und vertraut machen will. Am besten ist's, der Film hört da auf, wo das Problem die Schüler zu brennen beginnt, und sie es weiterdenken oder weiterimaginieren können (und wollen). Es schadet nichts, wenn es einen zweiten Teil des Films mit einer Lösung gibt, an der die Schüler die ihre messen können. Filme taugen zweitens dazu, etwas zu veranschaulichen, was man nicht imaginieren und auch nicht ohne weiteres selbst erfahren kann. Ich denke an Filme von fremden Völkern und davon, wie sie in ihren Landschaften leben, von Tieren, die so klein oder so scheu oder so rar sind, daß man sie nur mit der Kamera beobachten kann, und natürlich von

Vorgängen, die erst in künstlicher Raffung oder Dehnung sichtbar werden; an Filme auch als Rekonstruktion von Geschichte und als Mittel zur Analyse von Literatur. Das Kunstwerk Film, den Film als Ereignis lasse ich lieber außerhalb der Schule. Der Film als bloße Abbildung von... (einer Information), als leichtgemachte Begegnung mit..., als Erfahrungsersatz für... ist überhaupt entbehrlich.

Filme helfen uns wahrzunehmen, was Bildung immer ist: das, was die Gegenstände hinterlassen, nicht, was jetzt vor uns abläuft. Will man eine Sache zeigen und erklären, ist oft das alte Epidiaskop mit dem Standbild (von dem man zugleich sieht, wo es herkommt) geeigneter – womöglich ergänzt durch eine so dramatische und zauberische Darstellung, wie sie Wilhelm Behn im Schulfunk des NDR jahrelang gegeben hat: Aktivierung der Vorstellungskraft durch das bloße Wort. (von Hentig 1981, S. 287ff.)

Und fast immer ist – jedenfalls für die kleineren Kinder – der wirkliche Gegenstand lehrreicher und einprägsamer als das perfekteste Video-Werk über ihn. Das wissen die Kinder selber am besten. Man setze einen heutigen 8jährigen vor einen interessanten Film über einen Igel und lasse ihn nach einigen Minuten wissen, einen solchen gebe es leibhaftig in diesem Raum: Das Kind läßt unfehlbar das Gerät stehen und läuft zu dem Tier mit seinen Flöhen, seinem Gestank und seiner hartnäckigen Weigerung, sich für den Zuschauer zu entrollen. Wenn ich diesem dann alles, was ich aus dem Film über den Igel weiß, auch noch selber erzähle, hat kein Film eine Chance mehr!

Ich verdanke dem Film nicht nur ein häufiges großes Schau-Glück, ich verdanke ihm Bewegung der Seele und kraftvolle, haftende Belehrung. Aber dies hat er mir als ein Teil des Lebens eingebracht, nicht als Unterrichtsmittel.

Was haben diese alten, von mir erwähnten Mittel miteinander gemein? Was macht sie pädagogisch fruchtbar?

– Ihre Unvollkommenheit: sie verlangen vom Lehrer, daß er sie belebt und für seine Zwecke aneignet, und vom Schüler, daß er sich den gemeinten Gegenstand, das geistige Erlebnis selber schafft;
– ihre Dienstbarkeit: sie funktionieren nicht für sich;
– ihre beliebige Kombinierbarkeit;
– ihre Beziehung zur alltäglichen Erfahrung, ihre Offenheit zu den sie umgebenden Handlungsmöglichkeiten: Cretam capio, und: Marce, ad tabulam... und: zeig's mir im Buch, schlag nach im Lexikon, dreh den Globus einmal halb um seine Achse, reise einmal mit dem Finger direkt ostwärts von Argos, stellt einmal das Bild nach, das ich an die Wand projiziert habe! und so fort;
– die vollständige Durchschaubarkeit ihrer Machart;
– die Freiheit, die sie gewähren: sie erlauben, ja ermöglichen, daß ich meine Schüler beobachte, um meine Sache nach ihnen zu richten.

Neue Medien

Ich komme nun zu den neuen Medien: Fernsehen im Unterricht (also Video-Cassetten) und Computer.

Wie der Film ist die Video-Cassette ein potentes Mittel – für *den* Teil des Unterrichts, den ich ›Erlebnis‹ nenne. Die beiden anderen Teile, Einordnung und Übung, die ihm folgen, sind danach zwar nicht leicht zu handhaben, sind nun aber doppelt nötig und doppelt ergiebig. – Man hat das Video-Gerät zu einem totalen Unterrichtsmittel machen wollen: Es liefert einen Stoff; es problematisiert ihn; und es bietet sich als Handlungsmöglichkeit, als Mittel der Erprobung an. Ich habe einen so konzipierten Unterricht einmal erlebt. Es ging um geschlechtsspezifische Körpersprache, die der Film selbst ›entdeckte‹ und in andere Erkenntnis einbettete, woraufhin die Schüler mit der Video-Kamera zu eigenen Beobachtungen ausgeschickt wurden. Das kann sehr sinnvoll sein. Wo man es zum Prinzip macht, hat es für mich alle Schrecken der Mediatisierung des Geistes: Das Mittel hätte sich weit über seine Bedeutung erhoben, es hätte sich verabsolutiert. Für Video halte ich keine Schule ab, schon gar nicht, wenn es immer größere Teile der Freizeit erfüllt. Davon später im dritten Teil.

Der Computer im Unterricht macht mir keine Angst – Angst machen mir (a) die falschen Absichten und (b) die illusionären Erwartungen, mit denen man ihn dorthin gebracht hat – und (c) die ungewollten und vermutlich unerkannten Nebenwirkungen, die er dabei hat.

Falsche Absichten

Eine falsche Absicht sehe ich darin, daß – weil die Computer den Menschen von Wissenslasten und Denkanstrengungen befreien – dies in der Schule beginnen müsse. Es sei entbehrlich zu wissen, was 7 mal 7 ist, was sich im 13. Jahrhundert ereignet hat und wo der Pfeffer wächst, und darum sei es auch entbehrlich, dies zu lernen. Dies sage einem von nun an der Computer. – Aber wer nur weiß, was der Computer sagt, kann dies nicht prüfen; er kann nicht einschätzen, ob die Antwort genügt oder wichtig ist; Irrtum oder Betrug kann er nicht einmal ahnen. Eine Verkäuferin, die nicht rechnen kann, sondern nur die Tasten ihrer elektronischen Kasse bedienen, glaubt, was die Leuchtschrift und der Kassenbon sagen – kein Zweifel kommt auf über eine gänzlich unwahrscheinliche Ziffer; diese ist etwas, was man liest, und nicht etwas, was man denkt. In einem großen Geschäft mag dies eine nützliche, die gemeinte Verwendung des Computers sein. Das Risiko, daß er sich verrechnet, ist ungleich geringer, als daß der Mensch es tut; er arbeitet schnell, ist unbestechlich und erlaubt der Verkäuferin, auf anderes zu achten, beispielsweise auf freundliche Behandlung des Kunden: Sie lächelt ihn an, während die Kasse rechnet. Aber in der Schule wäre eine solche ›Entlastung‹ auf Kosten des Verstehens unsinnig. Hier soll man Verstehen lernen.

Das Wissen, das der Computer geben kann, ist ausfüllender Art. Ich brauche einen Zweck, eine Ordnung, einen Sinnzusammenhang, in die es paßt. Ein ebensolches Wissen hat schon der *Brockhaus.* Dieser hat die Wissensbildung weder ersetzt noch gefördert. Er ist eine *commodity,* eine Bequemlichkeit für den, der Bildung hat. Die falsche Absicht – dies sei in Klammern gesagt – steht freilich auch hinter einem Teil des Computer-Einsatzes ›im Leben‹. Niemand hat das treffender analysiert als Joseph Weizenbaum, Professor für Computer Science am Massachusetts Institute of Technology und Erfinder von ELIZA, einem Computer, der natürliche Sprache verarbeitet – mit dem man sich also unterhalten kann. Mit Entsetzen schildert Weizenbaum in seinem Buch *Computer Power and Human Reason* (1976), wie die Menschen – Wissenschaftler und Laien – seine ELIZA und zumal eines ihrer Programme, DOCTOR, mißverstanden haben und worauf das beruht. ELIZA besteht aus zwei Teilen, einem Aggregat zur Analyse der sprachlichen Eingabe und einem aktualisierbaren Antwortrepertoire, einer Art offenen Rollenskripts, das je nach der angenommenen Situation eingelegt wird: Gespräch über das Kochen von Frühstückseiern oder beim Einlösen eines Bankschecks oder beim Besuch des Psychotherapeuten. Das zuletzt genannte Programm mit Namen DOCTOR nennt Weizenbaum eine »Parodie« eines ersten Gesprächs einer Patientin mit ihrem Therapeuten, in dem dieser – er stammt offenkundig aus der Rogers-Schule – vornehmlich ihre Äußerungen mit einem Air von Nachdenklichkeit und Aufmerksamkeit zurückgibt:

P.: »Mein Freund hat mich veranlaßt, herzukommen.«
D.: »Ihr Freund hat Sie veranlaßt, herzukommen?«
P.: »Er sagt, ich sei so depressiv.«
D.: »Es tut mir leid zu hören, daß Sie depressiv sind.« usf.

Der Computer ist schlicht mit einer Masche programmiert.

Zu Weizenbaums tiefem Schock glaubte nun eine Reihe von angesehenen praktizierenden Psychotherapeuten ernstlich, hiermit sei eine neue Ära für ihre Zunft angebrochen. In der Zeitschrift *Natural History* (LXXXIV, 1/1975, S. 10) schrieb ein Arzt und Rezensent über Weizenbaums Erfindung:

In einer Zeit, in der mehr und mehr Menschen in unserer Gesellschaft psychiatrische Hilfe aufsuchen, kann ich mir ein Netz von psychotherapeutischen Computer-Terminals vorstellen – eine Ansammlung von Telephonzellen gleichsam, in denen die Patienten für wenige Dollar pro Stunde mit einem aufmerksamen, getesteten und weitgehend non-directive Computer-Psychotherapeuten reden können.

Wer geglaubt hatte, eine Psychotherapie werde von allen Seelenärzten als eine Art persönlicher Mitarbeit an den Leiden des Patienten verstanden, der erfuhr es nun anders.* Dr. Colby et al. schrieben in ihrer Fachzeitschrift:

Ein Therapeut läßt sich als ein *information processor,* ein Informationsverarbeiter, und *decision maker,* eine Entscheidungsinstanz mit einem begrenzten Satz von Regeln für die Erreichung von kurzfristigen und langfristigen Heilzwecken auffassen. (Weizenbaum, S. 6)

Und die Patienten sind bereit mitzumachen! Weizenbaum schildert, wie die Besucher seines Instituts im Gespräch mit

* Sehr viel älter als Weizenbaums ELIZA ist der Witz von dem Therapeuten, der seinem Patienten auf der Straße begegnet – zu einem Zeitpunkt, zu dem eigentlich die Analyse-Sitzung vereinbart war. Auf die erstaunte Frage des Therapeuten antwortet der Patient strahlend: »Everything allright, Doc! My talking machine is talking to your talking machine.« – Ich habe ihn vor 30 Jahren gehört.

ELIZA erregt wurden und die Maschine wie einen Menschen behandelten – wie umgekehrt die Therapeuten sich und ihre Rolle als Maschinen zu verstehen bereit waren. Hatten die Besucher ihre ersten Sätze mit dem Computer gewechselt, wurden sie nervös wegen der Anwesenheit des Menschen Weizenbaum und baten ihn, das Zimmer zu verlassen.

Daß dies alles möglich ist, obwohl ELIZA in erster Linie erdacht worden war, um zu demonstrieren, was Sprache ist, wie Verständigung funktioniert und wodurch sie nicht ersetzt werden kann, hat Weizenbaum gründlich skeptisch gemacht – über den ›Besen‹, den er da zum Wassertragen in die Welt gesetzt hatte. Sein Buch führt den Untertitel »From Judgement to Calculation«, also vom menschlichen, verantworteten Urteil zur objektiven, der Verantwortung nicht bedürftigen Berechnung. Diese Bewegung ist eine geheime und mit der Komplexität der geforderten Entscheidungen ständig wachsende Sehnsucht des Menschen, der der Computer verführerisch und verhängnisvoll entgegenkommt.

Ich kehre zum Computer im Klassenzimmer zurück. Ich hatte vom Charakter des Wissens geredet, das der Computer hat und vermittelt: Es hat für den pädagogischen Prozeß keine helfende, eher eine entmutigende Wirkung. Wozu sollte ich Dinge aufnehmen und mir mühsam einprägen, die der Computer exakter und vollständiger für mich bewahrt – und schneller wiedergibt!

Für das Verstehen der Denkprozesse dagegen ist der Computer ein Lernanlaß *par excellence,* wie unter den Schulgegenständen sonst nur noch die Grammatik und die Mathematik. Um den Computer zur Lösung einer Aufgabe (nicht zur Wiedergabe einer gespeicherten Information) zu bringen, brauche ich zuerst und vor allem ein Problem. Der Computer zwingt mich dann, dieses Problem in Einzelaufträge zu zerlegen: seine Struktur zu verstehen und mir eine Vorstellung von möglichen Lösungen zu machen.

Ich habe den Satz des Pythagoras: »Im rechtwinkligen Dreieck ist die Summe der Kathetenquadrate flächengleich dem Hypotenusenquadrat.« Was fange ich damit an? – Erst wenn ich (a) den Beweis dieses Satzes so durchschaut habe, daß ich (b) seine Umkehrung vornehmen kann: »Drei Längen bilden dann ein rechtwinkliges Dreieck, wenn die Summe der Quadrate über den beiden kürzeren dem Quadrat über der längeren Seite gleich ist«, vermag ich beispielsweise – wie die alten Geometer – drei Schnüre von der Länge 30 cm, 40 cm und 50 cm zur Herstellung eines rechten Winkels zu benutzen. Einem Computer kann ich, wenn ich dies verstanden habe, aufgeben, mir beliebige Längen auszurechnen, mit denen dies geschehen kann.

Wenn ich dies getan habe, habe ich etwas gelernt, was den Satz des Pythagoras überschreitet (den es ja voraussetzt), nämlich einen Algorithmus, eine Lösungsstrategie zu entwerfen. Dies ist der Gewinn – aber er wird mir nur zuteil, wenn ich selber den Computer dazu verwende: als Abbild meiner Denkprozesse, die ich in ihm objektiviere und erprobe. Programmieren heißt eben dies. Wenn Schüler mit seiner Hilfe dazu gebracht würden, wäre er ein Platonisches Gerät.

Liest man in den Ankündigungen, »Konzepten« und Berichten nach, was in den computergestützten Kursen und schon gar in denen, die nicht *am* Computer, sondern *für* den Computer ausbilden, geschehen soll und in der Regel geschieht, findet man etwas ganz anderes – Einführung in eine Technik, Gebrauchsanweisung – und wird meine Skepsis teilen: Solange *dies* gemeint ist und wir im Unterricht mit dem Computer nichts Besseres vorhaben und nichts Besseres können, sollten wir ihn draußen lassen. Fast alles, was in den begeisterten Artikeln der Fachzeitschriften steht, beweist, daß der Computer bisher weder *Lehr*mittel noch

*Lern*mittel, sondern Lehr- oder Lern*gegenstand* ist. Man lernt im wesentlichen seine Sprache und probiert, ob man mit ihr Befehlsgewalt über ihn bekommt – an einem spezifischen Gegenstand. Man lernt vor allem, daß es raffinierte und zweckmäßige Programme für X oder Y gibt, die der Ober-freak in der Klasse noch um einen Pfiff bereichern kann. Der Normalschüler wird den Computer allenfalls dazu bringen, ihm Vokabeln (schriftlich, ohne die Aussprache!) abzufragen. Die Programmierkunst, die dafür aufgewendet werden muß, ist äußerst primitiv.

Auf einem Fest einer befreundeten Schule führten Schüler den Besuchern ihre verschiedenen Lerntätigkeiten in den verschiedenen Fachräumen vor. Im Physikraum saßen drei Schüler und simulierten am Bildschirm ihres Computers die Bahn eines Wurfgeschosses. Sie hatten dafür eine Formel und wendeten sie auf Fälle mit verschiedenen Variablen an: für den und den Abschußwinkel, die und die Schubkraft, das und das Gewicht des Projektils. Ihre Strategie (Programmierung) hatte folgende Elemente: Eingaben für die Maßstäblichkeit des Bildfeldes; Abstand und damit Zahl der Zeitpunkte, für die die Berechnung vorgenommen werden sollte – im Fall des von mir bestellten Projektils, eines Golfballs, bei je einer Zehntelsekunde; die Anweisung, das Bild auszudrucken. Dann arbeitete die Maschine, gab den Flugort des Balles für die einzelnen Meßpunkte an und verband diese Angaben mit einer säuberlichen Linie. Ob das im luftleeren Raum anders sei und wenn nicht, wie man den Luftwiderstand einbringe, konnten die Schüler nicht gleich sagen und auch nicht, wie sie zu der Formel gekommen waren und wieso diese immer Anwendung fand. Das hätten sie sagen können, wenn sie vorher einen Kurs bei Martin Wagenschein gehabt hätten – den schönen mit dem Wasserstrahl, in dem einem das Wunder des Fallgesetzes in mehreren einfachen Versuchen von höchster Anschaulichkeit aufgeht und nicht nur sein Inhalt mitgeteilt und eingeprägt wird. Mit anderen Worten: Wenn man die physikalische Erfahrung hat, die Martin Wagenschein vermittelt, und wenn man seinen Pythagoras kennt und versteht, dann kann man am Computer lernen, wie man dieses Wissen auch praktisch, sicher, schnell verwendbar macht, es – die Prinzipien nutzend – auf andere Lösungen ähnlicher Art überträgt. Dafür aber braucht man normalen Unterricht.

Illusionäre Erwartungen

Ich zitiere hoffnungsvolle indikativische Sätze aus einem vieldiskutierten Aufsatz in der *Zeit* von Siegfried Schubenz über Programmierwissen im Unterricht als eine Chance für die Kinder.

– *»In der aktiven Auseinandersetzung mit dem Computer wird Sprache zu einem immer präziseren Kommunikationswerkzeug.«*

– *Nego:* Die Sprache der Computer ist genormt, eindeutig, einfach. Das sind Tugenden, wenn der auszudrückende Sachverhalt eindeutig, normierbar, einfach ist. Es sind Behinderungen und Verfälschungen, wenn die auszudrükkende Sache mehrdeutig, subjektiv, komplex ist. Vor allem aber rechtfertigt dieser Befund – auch wenn er richtig wäre – nicht zu sagen, die Sprache der Computer ähnele der Sprache von Kindern (eher als der von Erwachsenen) – womit Schubenz offenbar ihre didaktische Eignung zu begründen meint. Kindersprache ist auf verschiedenen Stufen sehr verschieden – und auf keine von ihnen treffen die drei genannten Eigenschaften gleichzeitig zu.

(In einem Vergleich ausgedrückt: Ein Schraubenzieher ist

ein gutes Werkzeug für seinen Zweck, aber indem ich gelernt habe, ihn in den Schlitz der Schraube einzuführen, habe ich nicht mehr als eben dies gelernt. Ich habe noch keine Tugend oder Fähigkeit erworben, Klavier zu spielen, mit dem die Sprache eine größere Ähnlichkeit hat als mit einem Schraubenzieher: Ich kann auf ihr klimpern oder brausende Geräusche machen oder empfindsam und kunstgerecht Tonfolgen und Harmonien hervorbringen.)

– »*Ein einmal akzeptierter Satz muß nie wieder neu geschrieben werden.*«

– Das ist eine eher erschreckende als eine verführerische Illusion. Wäre sie wahr, Platons König Thamos hätte allen Grund, diese Erfindung zu verwerfen, die das Wissen mit dem es mitteilenden Satz identifiziert, den Gedanken zu einer ablegbaren Sache materialisiert. Aber es ist vor allem eine *Illusion,* weil es keine sinnvollen Einzelsätze – ohne Kontext und ohne Mitteilungsabsicht – gibt. Wir sollten niemanden an solche Vorstellungen gewöhnen wollen.

– »*Kinder lernen schneller und sicherer, sich schriftsprachlich zu äußern, wenn sie es am Computer tun dürfen*«, und: »*Sie bekommen Vertrauen in die Machbarkeit von schriftlichen Äußerungen*« (weil die Gefahren des Mißerfolges geringer seien als beim Schreiben mit Kugelschreiber und Papier).

– Zum ersten Teil der Behauptung: Woher weistu? Schneller und sicherer als wer oder unter welchen Bedingungen? Wie ist das ermittelt worden? Und zum zweiten Teil: Wenn die Begründung stimmt, würde ich die Rückkehr zur Schiefertafel empfehlen. Auf ihr kann man Fehler und Unschönheiten mühelos auswischen und den Text neu schreiben –

und billiger ist sie allemal. Auch ich kenne die Entmutigung durch das schlechte und unlöschbare Produkt und versuche, sie meinen Schülern zu ersparen. Aber wird, wer alles immer wieder ändern kann, je die Disziplin des Vorausdenkens, die Anstrengung der versuchten Endgültigkeit auf sich nehmen? Jeder Grundschullehrer lernte einst, wann er von Griffel und Tafel zu Bleistift und Papier und schließlich zu Tinte und Papier überzugehen hatte. Soll es nun ewig bei der ›Schiefertafel‹ bleiben? – Auch mit dem »Vertrauen in die Machbarkeit [?] von schriftlichen Äußerungen« habe ich meine Schwierigkeiten. Gemeint ist vermutlich *Selbst*vertrauen: Auch ich kann ordentliche, klare, gewichtige Sätze schreiben! Warum das vom Computer abhängt, ist mir freilich nicht klar. Weil er buchstäblich ›wie gedruckt‹ schreibt? Aber die Sätze sind so gut oder so schlecht, wie ich sie ihm eingebe. Der perfekt aussehende Computer-Ausdruck macht den Abstand zur Kümmerlichkeit der verwendeten Sprache nur um so schmerzlicher bewußt. Und das ist der bessere Fall. Was geschieht mir, wenn es mir *nicht* bewußt wird?

– Der Computer könne, meint Schubenz, die Behinderung aufheben, die der herkömmliche Unterricht (zumal in der Mathematik und im deutschen Ausdruck) selber schaffe: Denkhemmungen vor allem durch die Einteilung der Antworten in ›richtige‹ und ›falsche‹. »*Die Frage hinsichtlich des (Computer-)Programms* [*dagegen*] *ist nicht, ob es richtig oder falsch ist, sondern ob es durchführbar ist.*«

– Das ist für den, der etwas tiefer in den Computer eingedrungen ist, ein kühnes Argument: Das Digital-Prinzip ist doch gerade die 0:1-, die ja:nein-Entscheidung! Soll der Schüler so tief nicht eindringen? Im übrigen: Wenn ein Programm nicht durchführbar ist, ist es doch wohl abzulehnen, also falsch. Man erkennt das nur nicht gleich. Eine Illusion bleibt der behauptete Effekt, solange man den Computer im Unterricht nicht programmiert, sondern als Träger von Programmen benutzt bzw. zu nutzen lernt (was freilich Schubenz nicht anzulasten ist).

– *»Computerunterstütztes Lernen… ist Lernen unter Ausschöpfung der kindlichen Produktivität.«*

– Mein Bielefelder Kollege Heinrich Bauersfeld hat dies genauer studiert:

Es sind – seit es Schule gibt – stets dieselben, die denken können, die eine Idee als erste äußern, die der Lehrer unterstützt; und es bleiben auch immer dieselben Mehrheiten, die dies nicht schaffen, die resignieren, sich aber fleißig bemühen… Die Verweigerer im Unterricht nehmen nun zu, die Schar der computer-freaks bleibt klein, Spiele sind ›in‹, aber gerade das produktive Denken wird durch den Computer nicht gefördert. (Aus einem Brief, 1984)

Kindliche Produktivität – was immer das ist – sieht anders aus als die vom Computer geforderte Denkleistung. Kleinere Kinder ›spielen‹ nicht mit dem Computer – sie drücken die Tasten, sehen, was kommt, und versuchen, es zu entziffern. Sie finden es unverständlich und lassen enttäuscht davon ab, weil es nicht läuft, wie sie erwartet haben: wie ihr Flipper. Die älteren, die 14- bis 18jährigen, fühlen sich vom Computer angezogen. Was macht die Faszination aus? Ich habe ihnen in meiner Schule einmal fast zwei Stunden hintereinander schweigend zugeschaut. Auf einen Nenner gebracht: Der ›Spieler‹ wollte herausfinden, *warum* der Computer so antwortet, wie er antwortet; er war nicht am Programm interessiert, sondern daran, ›what makes it tick‹. Sein Haupteifer galt dem Versuch, innerhalb der Regeln des Computers aus diesen Regeln auszubrechen – den Computer ›reinzulegen‹. Es war ein Zweikampf, und die anderen, die um ihn herumstanden, haben ihn als solchen gespannt verfolgt. Da der Computer nur englisch sprach, war's obendrein eine unbeabsichtigte scharfe Übung in BASIC-English. Die wahren *computer-freaks* mögen anderes mit dem Gerät im Sinn haben.

Das für mich Interessanteste war: Diese normalen Zehntkläßler hatten offenkundig keine Probleme, die sie dem Computer aufgeben konnten und wollten. Könnte es sein, daß, wie uns die Bildung als Lebenszeitvertreib empfohlen wird, wir nun auch lernen, ohne Fragen, ohne geistige Not zu leben – Beschäftigung statt Arbeit auch hier?

Die Behauptung, der Computer mache schöpferisch, beruht auf der Verwechselung von mehr ›operations‹ mit erhöhter geistiger Produktivität. Der Computer gleicht dem Billardtisch: Auf ihm vollziehen die Spieler reibungslose und eindimensionale Bewegungskombinationen in buchstäblich unendlicher Vielfalt. Eine neue geistige Bedeutung gewinnt man, indem man aus der geläufigen ›Billardtisch-Ebene‹ heraustritt, – an Widerständen, Zufällen, einer Regelwidrigkeit. (In wahre Leidenschaft geraten die Programmierer beim Suchen nach einem ›bug‹, einem Fehler. Aber wenn *das* der geistentfesselnde Umstand des Computers ist – eine Schadensbehebung –, dann scheint er mir unseren besseren Karten- und Brettspielen pädagogisch weit unterlegen.) Die Denkfigur, Entlastung von Mühe und der Ausschluß von Unvorhersehbarem fördere die geistige Fruchtbarkeit, ist jedenfalls naiv und widerspricht allem, was wir von schöpferischen Prozessen wissen.

Ungewollte Nebenwirkungen

Heinrich Bauersfeld hat *hard-ware* und *soft-ware* des Computers als Unterrichtsmedium analysiert – gleichsam sein *hidden curriculum.* Weit entfernt, ein allgemeines Denktraining zu vermitteln, weil er doch ein allgemeines – universell verfügbares – geistiges Werkzeug ist, engt der Computer die geistige Erfahrungsweise ein: Er bestärkt die Organisation des Denkens nach Bereichen, die uns auch sonst bekannt ist. S. Paperts »microworlds« werden gerade durch das Computer-Lernen nicht durchbrochen. Paperts Schüler Robert W. Lawler hat mit seiner Tochter Miriam Paperts TURTLE-Geometrie-Programm und daneben elementare Mathematik ohne Computer durchgearbeitet: Die »microworlds« blieben fest gegeneinander abgeschottet. Das Rechnen mit Geld vollzog sich anders als beim normalen Zählen und wieder anders in der Welt der TURTLE-Geometrie, und Miriam hielt sie in ihrem jeweiligen Kontext streng auseinander.

Den Laien wundert das nicht. Er sieht einen kleinen Menschen und einen großen Apparat, sieht, wie die Sprache reduziert werden muß, um vom Computer verstanden zu werden, sieht eine unveränderte und unveränderliche Situation, sieht keine Handlungsmöglichkeit, sieht die eigentümliche Aufteilung von jetzt und hier (auf den Tasten) ›operieren‹ und dann und dort (auf dem Schirm) das Produkt ablesen, keine Anwendung auf..., keine Alternative zu..., keine Reflexion über..., keine Verbindung mit... z. B. mit der übrigen Erfahrung, es sei denn, diese bestehe ihrerseits schon aus Computern. Vor allem gibt der Computer keinen Anlaß, sich diese Beschränkung bewußt zu machen. Die Programmierer haben ja alle denkbare Mühe aufgewendet, den Computer menschlich, vielseitig, humorvoll und niemals aggressiv reagieren zu lassen:

C.: You seem to have problems? (Weil der Schüler ihm ein Bein hat stellen wollen)

S.: I am impotent! (Mal sehen, ob der Computer das versteht!)

C.: Try again! (Das ist jetzt hübsch doppeldeutig)

S.: I told you, I can't! – Korrektur: I cannot! (Er hat die Doppeldeutigkeit aufgenommen)
C.: Sorry, I cannot help you... Fragezeichen, Fragezeichen, Fragezeichen.

Sieg des Schülers – aber worüber? Womit? Wofür?

Mich lehrt dies Vorsicht. Schon einmal haben wir – in den 60er Jahren – einen teuren *boom* pädagogischer Technik gehabt: Sprachlabor, audio-visuelle Mittel, Medienverbund für die Schüler, Mitschau für die Lehrer. Geblieben ist wenig – das Einfache: der *native speaker* auf Tonband, das Sprechübungsgerät als regelmäßige, aber begrenzte Ergänzung, der *overhead-projector.* Und alles, was geblieben ist, zeigt, daß mehr Apparatur mehr Ingenium, mehr Arbeit und mehr Selbstbewußtsein vom Lehrer verlangt! Oder das Ganze führt zu Langweile und Chaos.

Wenn heute die Engländer ihre 27000 Grundschulen mit Mikro-Computern ausstatten und 54000 Lehrer in Sonderkursen auf die Vermittlung von »microelectronics as an integral part of the philosophy and practice of primary education« vorbereiten (wohlgemerkt: »children between five and eleven«!), dann wünsche ich ihnen ein klares Bewußtsein von den ungeheuren Schwierigkeiten und pädagogischen Gefahren, die dies hat, und uns starke Nerven und Geduld beim Abwarten weiterführender Erkenntnisse – auch aus diesem ungeheuerlichen Unternehmen. Frankreich hat die »informatization« schon vor drei Jahren ausgerufen – dem Beispiel Japans folgend. Wie lange werden wir noch standhalten?

Die Motive, die die englische Regierung angibt, lassen befürchten, daß sie die psychosozialen Gefahren gering achtet: Sie handle aus Sorge um die Zukunft der Nation, um ihre wirtschaftliche Selbstbehauptung und soziale Integration. Unverständlich ist diese Reaktion auf die weltweiten Entwicklungen nicht. Aber muß man so vorgehen:

At first structured reinforcement will prevail as the major use, but gradually... more ambitious uses of new technology will develop in such areas as information handling, which involves the development of such skills as data collection, the assessing of data, its storage and retrieval, its manipulation and use; and in the detailed questioning and interrogation of data. (Jones, 1984, S. 32)

Und die, die dies schreiben, berufen sich auf Paperts Vision vom programmierenden, nicht programmierten Kind! Computer sollten der Theorie ihrer Proponenten zufolge nicht anpassen und abrichten, sondern anregen und auffordern – herausfordern. Ein Computer sei *something-to-think-with,* ein Partner der Kinder, geistige Kommunikation stiftend, weil er der Fragen, Probleme, eines An-Spruchs bedarf, denen er dienstbar antworten kann. In Wirklichkeit ist er ein geschlossener, ungeselliger, unphilosophischer und fast ausschließlich ›kopfiger‹ Unterrichtsgegenstand; er gehorcht nicht nur einem Systemzwang (der ökonomisch-technischen Entwicklung), er ist selber einer. In einer Welt, in der ursprüngliche Erfahrung immer knapper wird, in einer Welt, in der es gilt, den Menschen gegen das überwältigende Aggregat der Sachen zu ermutigen, in einer Gehäusewelt, die sich nicht mehr selbst erklärt*, hole ich ihn nicht ohne Not ins Klassenzimmer.

Die Not mag gegeben sein. Ich weiß, daß wir dem Computer erliegen werden, wenn wir ihn nicht kennen, ihn aus Angst oder in Heilserwartung mystifizieren. Nüchternheit,

* Mein Standardbeispiel: Ein altes gläsernes Thermometer erklärte sich dem Beobachtenden gleichsam selbst. Eine Substanz, Quecksilber oder gefärbter Weingeist, dehnt sich bei zunehmender Temperatur in einer Kapillarröhre aus; an einer Skala, die Maß an der Wirklichkeit genommen hat – am kochenden oder gefrierenden Wasser bei bestimmtem Luftdruck –, läßt sich der Grad der Erwärmung ablesen. Heute besteht ein Thermometer aus einem metallenen Sensor und einer Plastikbox, auf deren kleiner Scheibe Digitalziffern flimmern »17,08« – eine unanschauliche, maßstabslose, magische Auskunft, eines von vielen tausend Gehäusegeräten, mit denen wir umgehen.

Kenntnis der Gründe und Einhaltung der Grenzen müssen seine allmähliche Aneignung begleiten: *erst* durch die Erwachsenen, die Lehrer, und dann durch die Schüler, und diese nicht ohne kritische Reflexion, also nicht vor dem 14. Lebensjahr, nicht »als natürliche Fortsetzung von Spielzeug wie LEGO und Fischer-Technik«, wie es die Engländer vorhaben. Wer argumentiert wie sie, erhebt die ›Medien‹, d. h. ›Mittel‹, zu Zwecken. Alles, was pädagogische Mittel pädagogisch sinnvoll macht, wird in den Wind der weltwirtschaftlichen Angst geschlagen. Politiker mögen so denken müssen – Pädagogen haben die Aufgabe, ihnen gegenüber das für die Kinder Bekömmliche zu vertreten.

Mittel um der Mittel willen

Wenn die Neuen Medien im Unterricht wahrhaft als Mittel eingesetzt werden, können sie die folgenden Funktionen haben:

– Weil sie im Leben vorkommen und dort eine beherrschende Rolle spielen (werden), muß man lernen, sie zu benutzen; ›mit ihnen umgehen können‹ ist eine neue, die vierte Kulturtechnik.
– An ihnen lernt man eine besondere und besonders erfolgreiche Form der geistigen Bewältigung des Lebens: das auf die Spitze getriebene und zur Anschauung gebrachte Verfahren der modernen Wissenschaft, nämlich Phänomene in eindeutige Elemente zu zerlegen und die einfachsten Gesetze ihrer Re-Kombination aufzustellen.
– Man lernt mit ihrer Hilfe (sie ersetzen den Lehrer, das Lehrbuch, das Nachschlagewerk, die Anschauung, den Abfrager oder Prüfer) oder man lernt, daß man sich das Lernen ersparen kann (weil das Gerät das zu Lernende sicherer

speichert und sowohl schneller wie anschaulicher wiedergibt).
– Sie mahnen dazu, über ihre Wirkungsweise und Folgen für uns Menschen/für die Gesellschaft nachzudenken.

Die ersten zwei Funktionen sind pragmatischer Art, die letzten zwei bildender Art. In beiden Kategorien – man mag sie bewerten wie man will, lassen sich die Zwecke je einzeln angeben und angehen.

Aber schon greift die diffuse Vorstellung von den Medien als einer eigenen Wirklichkeit, die solcher Prüfung nicht unterworfen ist, auf die Schule über. Neue Medien halten dort Einzug, weil es sie gibt. Was ist, diktiert, was sein soll. Schon sind, nach Auskunft des Bundesministeriums für Bildung und Wissenschaft, von diesem und den Ländern mehr als 52 Millionen DM für entsprechende ›Modellvorhaben‹ aufgewendet worden. Schon meldet das gleiche Ministerium, welche beachtlichen »Gerätespenden« und »erheblichen Preisnachlässe« von zwar namhaften, aber nicht genannten Unternehmen zugesagt sind und welche Anstrengungen dieselben machen, »den Engpaß bei qualitativ guten Computerprogrammen für den Unterricht zu beseitigen«, ja, »kostenlose Hilfe zur raschen Fortbildung der Lehrer zu leisten«. Schon meldet der *Verband Deutscher Maschinen- und Anlagenbau* und der *Zentralverband der elektrotechnischen Industrie* die Gründung einer von der Wirtschaft getragenen Fördergemeinschaft, die den Schulen bei der Einführung der Neuen Medien helfen und die notwendige Koordination (von Spenden, Ausbildungsgängen, Soft- und Hardware-Versorgung) leisten soll. Schon begrüßen die Kultusminister diese Aktivitäten und sagen ihre enge Zusammenarbeit mit jener Fördergemeinschaft zu. Schon weiß der Bundesminister für Forschung: »Wohlstand, Vollbeschäftigung und Wettbewerbsfähigkeit sind nur zu sichern, wenn die Befähigung zum Umgang mit Informationstechniken *frühzeitig* vermittelt wird.« (Informationen des Bundesministeriums für Bildung und Wissenschaft 4/84.) Die Menschheit gibt sich ihren Mitteln hin. Sie hat nicht einmal das Bewußtsein von dieser widrigen Verkehrung von Zweck und Mittel. Die Geister, die sie rief, kann sie gar nicht loswerden wollen: Sie hat nicht nur das Wort vergessen, das diese bannen könnte, sie hat den Begriff verloren, den Begriff für ein Mittel, das allemal dienstbar zu sein hat. Sie hat darum das Mittel, das Werkzeug für etwas sein sollte, durch ein Medium ersetzt, das in erster Linie sich selbst vermittelt.

Eine Zwischenbilanz

(Dies ist zugleich ein Vorgriff auf das Thema des dritten Kapitels.) Als ich vor zehn Jahren beklagte, die Reform des deutschen Bildungswesens sei nicht radikal genug gewesen, meinte ich (und habe es gesagt): Sie war nicht pädagogisch genug. Sie war gesellschaftspolitisch gedacht, ökonomisch motiviert und administrativ verwirklicht worden. Die Fragen, was Kinder zum Aufwachsen brauchen, wie *heutige* Kinder sind und wie man ihnen hilft, mit der Welt fertigzuwerden, die sich von der Welt, in der wir großgeworden sind, so sehr unterscheidet, haben die Veränderungen nicht angeleitet. Es ging um die Vermehrung der Chancengleichheit, das Aufholen eines Modernitätsrückstands, die Ausschöpfung der Begabungsreserven, damit wir im wirtschaftlichen, technischen, wissenschaftlichen Wettbewerb der Nationen mithalten können. Wir haben die Bilder von den Folgen vor Augen: riesige Betonbauten, Schüler in Sprachlabor-Kubikeln von viel einschüchterndem Gerät umgeben und voneinander und der Welt isoliert, Listen von wissenschaftlichen gestaffelten Lernzielen – ›Taxonomien‹, die sich wie

Wachstumstabellen in einer Champignon-Kultur ausnehmen –, dickleibige Richtlinien und Rechtsvorschriften, die die Pädagogik unfreier machen, als sie je war.

Mehr Zeit für Kinder, für eine Individualisierung des Unterrichts, für eine interessante und stets erneuerte Aufbereitung der Sachen, für Erlebnis-, Erfahrungs-, Handlungs- und Denkpädagogik wäre den erklärten Zielen nähergekommen.

Nun, da wir dies wissen, treibt der Computer die Schule zu den alten Fehlern zurück, zieht sie ein weiteres Stück von der pädagogischen Aufgabe fort: Kinder zu beobachten, es mit den in ihnen liegenden Chancen und Hemmungen, den ihnen durch die Lebensumstände bereiteten Schwierigkeiten aufzunehmen. Die Lehrmittel-Messe und die der Pädagogik dort angedienten elektronischen Apparate zeigen, was mächtige Kräfte in der Gesellschaft statt dessen mit der Schule vorhaben. Der Computer ist, weiß Gott, nicht Ursache und nicht notwendig Vollstrecker, aber doch das Sinnbild einer nicht personalen Pädagogik. Wir brauchen eine Pädagogik, die die Menschen stärkt und die Sachen klärt. Zu den Sachen gehören die Computer. Sie müssen in der Schule vorkommen, aber in einem Bildungs- und Erziehungsplan, der schon durch seine Anordnung deutlich macht, was hier an ihnen gelernt werden soll:

– Nicht wir bedienen die Computer, sondern sie dienen uns.
– Nicht wir, unsere Aufgaben, Fragen, Arbeits- und Erkenntnisformen, Berufs- und Zukunftschancen, hängen vom Computer ab, sondern umgekehrt: Menschen können und sollen ihn für ihre Zwecke nutzen – oder ihn links liegen lassen; dies freilich müssen sie wollen, und für ihr Wollen wiederum müssen sie gute Gründe haben, besser noch: gute Gründe erfahren haben.
– Nicht die Sprache des Computers ist das Maß der mensch-

lichen Sprache, sondern an der technischen Begrenzung der seinen werden wir der Eigenart, des Reichtums, der Wirksamkeit der unseren bewußt: Sprache ist mehr als Informationsübertragung, die in reiner Form dem Computer gelingt.

– Nicht die Probleme des Computers sind Gegenstand des Unterrichts, sondern unsere Probleme, die sich ihm stellen lassen.

– Der Computer ist eine geniale Abstraktion eines bestimmten menschlichen Vermögens, und dadurch – durch die isolierte, ungestörte Nutzung dieses Vermögens – ist er zugleich enorm leistungsfähig *und* enorm ›dumm‹; an ihm können wir erkennen, was wir nicht sein wollen: Apparate – auch nicht im ›bloßen Denken‹.

– Der Computer findet eine vielseitige Anwendung in der heutigen Welt, er wird in den Bereichen XYZ aus den Gründen ABC mit den Folgen LMN gebraucht; dies zu wissen ist so wichtig wie, nein wichtiger als zu wissen, wo wieviel Weizen oder Stahl oder Autos produziert werden; es gibt das Argument, daß wir die Erforschung, Herstellung und Nutzung nicht anderen überlassen dürfen; es gibt das Argument von den großen Gefahren, die ein gedankenloser Einsatz des Computers für unser Leben hat.

– Über all dies kann man nicht urteilen, ohne die Lebensbereiche zu kennen, aus denen die Forderungen und die Warnungen kommen.

Seit der Computer *ad portas* der Schule steht, kann diese ihre Funktion neu und deutlich sehen. Sie muß (immer schon) den Abstand zwischen der Ausstattung des Menschen von *Natur* und den Anforderungen an ihn in der *Kultur* überbrücken – den Anforderungen, die das Leben an seine Fähigkeiten, Kenntnisse und moralische Verantwortung stellt. Sie muß dafür sorgen, daß der Mensch der Kultur gewachsen bleibt. Der Computer ist eine extreme Realisierung unserer Kultur. Ihm gewachsen zu sein heißt: wissen, in welchen Grenzen er nützlich ist und wo er anfängt, uns zu beherrschen. Die Versuchung, uns nach seinem Bilde umzuschaffen, ist groß. Sie erwächst aus dem eigentümlichen Prinzip unserer Kultur. Sie hat in den letzten Jahrhunderten zielstrebig an der Potenzierung menschlicher Fähigkeiten gearbeitet – im Dienst erst der Kontrolle über die Natur, dann ihrer Ausnutzung und schließlich der Aufrechterhaltung des Kontroll- und Ausnutzungssystems. Mit jeder so geschaffenen Kunstfigur hat sie einen Wunschtraum des Menschen erfüllt, einen Angsttraum abgewehrt – und wir haben uns immer mehr an unser eigenes Werk verloren. Es beginnt über uns zu herrschen. Alle bisherigen großen Hervorbringungen der Kultur haben das getan: die Religion, die Künste, die Wissenschaften. Die Schöpfungen der neueren Neuzeit – *science,* Technik, künstliche Intelligenz, die Abbilderwelt der Telekommunikation – prägen dem Menschen ihr Gesetz auf, das Gesetz der Arbeitsteilung, der Funktionalität, der Kompetenzschranke, der Methodenreinheit, der Objektivität, der Planung, der Massenwirksamkeit, der Sensation und ihrer Steigerung... ›Beherrschen‹ aber heißt, genau das nicht an uns geschehen lassen.

Die Schule kann die Computer nicht einfach ignorieren. Sie kann ihnen aber auch nicht einfach die Tore öffnen, bevor sie weiß, wie sie ihre alte Aufgabe an den neuen Gegenständen erfüllt. Da steht ihr noch sehr viel Nachdenken bevor. Die Computer, die in den Messehallen auf Einlaß warten, nein drängen, nehmen ihr *dieses* Denken nicht ab.

II.
Welchen Wandel wird die Zunahme von Computertechnik und Telekommunikation in der Gesellschaft bewirken – welche Folgen hat er für das Aufwachsen in ihr?

Funkausstellung in Berlin. Die Zukunft hat wieder einmal begonnen und dies alles ohne jeden Schrecken, mit handlichen nüchtern-eleganten Apparaturen, mit denen wir zusammenwohnen werden. Der Video-Recorder wird zum Fernsehgeräte gehören wie der Cassetten-Recorder zum Radio; 1985 ist die Bildplatte auf dem Stand der heutigen Schallplatte; Ende der achtziger Jahre haben wir den Sprechschreiber; 1990 soll das Bildfernsprechen ›marktreif‹ sein; zur gleichen Zeit kann Bigfon wirklich *big* werden – zum vollverkabelten, dienstintegrierten Breitband-Telekommunikationssystem der Bundesrepublik. Und über allem stehen dann schon lange hoch am Himmel die Satelliten, die ganze Länder und Kontinente bestrahlen können.

Diese Erfindungen sind obendrein dabei, sich mit der Informationstechnik, den Rechnern und Steuerungsgeräten durch die gemeinsame Digitalisierung zu verbinden – zu einem gewaltigen telematischen Imperium. *Télématique* – so haben die Franzosen die Verflechtung von Telekommunikationsmitteln mit den Schöpfungen der Informatik, den Computern, genannt. Alles, was in dieser Welt als Bild oder Ton, als Wort oder Zahl vorkommen kann, ist über die gleiche ja-nein- oder null-eins-Figur elektronisch faßbar, transportierbar, speicherbar, in andere Wahrnehmungsform verwandelbar. Es ist, als würde das geistige Äquivalent zur physikalischen Schwerkraft aufgehoben. Die Auguren sagen: Im Prinzip ist nun alles Wissen gleich, grenzenlos, unverlierbar, jedermann zu jeder Zeit verfügbar. Und weil sie »im Prinzip« gesagt haben, lächeln sie nicht, sie lassen vielmehr eine Art gelangweilter Nachsicht erkennen, wenn ein anderer lächelt und ihnen nicht glaubt.

Macht sich die Öffentlichkeit ein Bild von den politischen,

wirtschaftlichen, sozialen, pädagogischen Problemen, die dies alles mit sich bringt? Wer trifft die fälligen Entscheidungen mit welcher Kompetenz in wessen Interesse unter wessen Kritik? Wo, außer in ganz kleinen Kreisen, regt sich ein Bewußtsein von der Bedeutung dieser technischen Veränderung – sei es zum Guten, sei es zum Schlimmen? Die industrielle Revolution hat Formen und Gehalt unserer Kultur drastisch verändert. Die telematische ist nicht nur eine der vielen möglichen Steigerungen derselben Entwicklung, sie wird noch einmal tief in die geschichtliche Substanz unserer Kultur eingreifen. Werden wir so leben, wie wir nach aufgeklärtem Willen bisher leben wollten? Als wen oder was wird uns die neue Apparatur definieren? Welches Bewußtsein wird mir von meiner Lage bleiben – die Macht, die jemand über meinen Leib hat, kann ich mit meinem Geist erkennen. Die Macht, die er über meinen Geist hat, nicht mehr.

In der öffentlichen Diskussion hat man das Problem der Beeinflussung der Bürger dem Problem ihrer Bevormundung weitgehend geopfert. Im folgenden will ich versuchen, die Rang- und Reihenfolge umzukehren.

Die Aufgabe des Laien

Ich tue dies ausdrücklich in der Rolle eines Laien, der darum eher mit *common sense* für das *common interest* argumentiert: naiv erstaunt, naiv erschrocken, naiv neugierig und ›weise‹ wie das Kind, das nicht des Kaisers neue Kleider sieht, sondern nur einen nackten Mann.

Ich will die Zweifel derer einbringen, die wissen, daß sie die Entwicklungen nicht überschauen, die sich unbegründete Gewißheit nicht einreden, sich ihre Verantwortung nicht abnehmen lassen wollen. Demokratie verlangt das

Dreinreden ihrer Mitbürger in die öffentlichen Angelegenheiten. Ich kann dabei nur für mich und, in einem anderen Sinn, für diejenigen sprechen, die mir in meinem öffentlichen Beruf anvertraut sind: für die große Minorität der Kinder. Und für den von Günther Anders so genannten »antiquierten Menschen«, dem zugemutet wird, immer weiter zu lernen, sich zu wandeln, statt die Umstände zu verändern, und der dies nur tun will, wenn ihm nach alter, geltender, bewährter Denkweise bewiesen wird, daß es sein muß.

Diese Sokratische Rolle ist nicht leicht durchzuhalten. Man verliert die Unbefangenheit. Man wird vom Virus der Einsicht in die Komplexität, die Zwänge, die »Unaufhaltbarkeit der Entwicklungen« angesteckt und geschwächt. Das ist auch mir geschehen, aber meine Überzeugung, daß wir uns wehren sollen und können, ist ungebrochen. Das erste Gebot des Widerstandes heißt: sich kundig machen.

Der Gegenstand

Die *Neuen Medien,* das sind die neuesten Medien: das Kabelfernsehen und das Satellitenfernsehen. In verschiedenem Umfang und zu verschiedenen Kosten mit verschiedenen politischen und sozialen Folgen geht es (a) um eine Vermehrung und (b) einen Wandel des Angebots.

Der *Satellit* ist nichts als ein in besonderer Höhe errichteter Fernsehturm; diese eine teure Relaisstation erspart dem jeweiligen Fernsehsystem die noch teurere Fülle der Bodenstationen. Bisher verlangte die Satellitenübermittlung eine besondere Empfangsantenne, die ihrerseits so teuer war, daß sie sich nur für eine Gemeinschaftsanlage lohnte; die einzelnen Empfänger waren mit der gemeinsamen Parabolantenne verkabelt. Der Satellit, der nicht mehr Kanäle ermöglicht als das Direktsystem, führte also schon den halben

Weg zur Verkabelung und bot sich vor allem als Übergangslösung bis zur vollen Verkabelung an (inzwischen gibt es neue direkte und preiswerte Empfangsmöglichkeiten, die den Sinn der breit anlaufenden Verkabelung ihrerseits noch einmal in Frage stellen).

Eine Vermehrung und Veränderung des Fernsehangebots treten bei diesem System durch Überschneidung der international zu vereinbarenden Ausstrahlungsgebiete ein – und damit natürlich auch politische und rechtliche Probleme.

Einen entscheidenden Wandel bringt erst das *Breitband-Kabelsystem.* Über ein Kabel können bis zu 30 Kanäle laufen und ein Rückkanal. Durch ihn wird das bloße Verteilersystem zu einem Vermittlungssystem. Die bisherigen *Vermittlungssysteme* sind *»schmalbandig«* und ergeben ein beschränktes Bild von der Art, wie es in den Bildschirmtexten erscheint. Das *Bildschirmtextsystem* besteht aus einer Zentrale, in der die Sendeaufträge der sogenannten Anbieter gespeichert sind, einem von der Post gestellten Trägersystem (die Telephonleitung genügt hierfür), einer Apparatur, die die digitalen Signale in Frequenzen umwandelt und umgekehrt, und dem normalen Fernsehschirm, auf dem das stehende Bild oder der Text erscheint. In den seit Mitte 1980 laufenden Versuchen in Berlin und Düsseldorf kann man bisher nach einem Katalog unter rd. 3000 Schlagwörtern von rd. 5000 Anbietern deren jeweilige Programme abrufen. In der Zentrale sind etwa 100000 Bildschirmseiten gespeichert. Anbieter sind z. B. *Mercator-Reisen, Messe AG Hannover, Meyers Lexikon, Missio;* Schlagworte sind beispielsweise *Mietgesuche, Mittelamerika, Müllabfuhr, Musikkritik.*

In der Nutzung stehen Nachrichten und Sport mit 34 % an der Spitze, Warenangebote folgen mit 26 %, Archivdienste mit 17 %, Spiele und Unterhaltung mit 16 %, Reisen mit

15 %, Banken, Börse, Reservierung, Verkauf mit 13 %, Beratung mit 11 %. Ende 1983 waren etwa 40000 Bildschirmgeräte angeschlossen. 1986 sollen es 1 Million sein. (An Breitbandkabel sind bisher 600000 Haushalte angeschlossen.)

Ob man hieraus Folgerungen für ein breitbandiges Vermittlungssystem ziehen kann und wie dieses die Entwicklung des schmalbandigen beeinflussen würde, ist Spekulation. Btx (die Abkürzung für Bildschirmtext) habe sich im Geschäftswesen als »sehr zukunftsträchtig« erwiesen, habe aber unter privaten Nutzern »keine spontane Begeisterung« ausgelöst; aber man hofft, das werde sich bei der Erhöhung der Übertragungsgeschwindigkeit (Österreich geht hier voran) und der Verbilligung der Ein- und Ausgabegeräte ändern.

Das Breitbandkabel ermöglicht, daß der Empfänger auf Anfrage einen – einfach gesprochen – richtigen Fernsehfilm abrufen kann, der zu seiner Frage gespeichert worden ist: ein bewegtes feinkörniges Bild statt der groben stationären Bildtexte.

Die bevorstehenden politischen Entscheidungen

Zu einem politischen Problem wird dies alles durch die folgenden Umstände:

- Die Post hat in der Bundesrepublik ein Monopol auf die individuelle Nachrichtenvermittlung.
- Die Rundfunk- und Fernsehanstalten haben ein Monopol auf öffentliche Sendungen.
- Die neuen Techniken verwischen die Grenzen zwischen beiden Bereichen und zwischen den Druckmedien einerseits und Funk und Fernsehen andererseits.

– Die Kosten für die Entwicklung der Infrastruktur und der Programme sind erheblich (für das Schmalband- und Breitbandsystem: über 100 Milliarden).
– Diese Kosten werden jedoch zugleich als Beschäftigungs- und Entwicklungsimpulse gewertet.
– Dies gilt insbesondere angesichts der Digitalisierung der neuen Medien, die als Zwischenträger für alle möglichen Steuerungs-, Speicherungs-, Rechensysteme fungieren können und die Computerisierung auf diese Weise stark vorantreiben.
– Auf der anderen Seite werden Befürchtungen über den offenkundigen Arbeitsplatzschwund aufgrund informationstechnischer Rationalisierung in allen datenverarbeitenden Tätigkeiten laut.

So erhebt sich ein vielfacher Streit darüber, wer das neue System bezahlt, wer es speist, wer es kontrolliert, wer davon profitiert. Es erhebt sich in anderen Worten die Frage nach der Macht über die neuen Medien und durch die neuen Medien. Und sofort bilden sich die alten Fronten von *hie* politische Verantwortung der verfaßten Gesellschaft und *da* die Freiheit des Unternehmers, die Mündigkeit der Käufer, das Gesetz des Marktes.

Das Bundesverfassungsgericht hat am 16. Juni 1981 eine deutliche Entscheidung zugunsten des ersteren getroffen: es bedürfe einer

> positiven Ordnung, welche sicherstellt, daß die Vielfalt der bestehenden Meinungen im Rundfunk in möglichster Breite und Vollständigkeit Ausdruck findet und daß auf diese Weise umfassende Information geboten wird. Um dies zu erreichen, sind materielle, organisatorische und Verfahrensregelungen erforderlich...
>
> Eine zusätzliche einseitige Berücksichtigung nur einzelner Meinungsrichtungen im privaten Rundfunk würde das für die Gesamtheit der dem einzelnen Teilnehmer zugänglichen inländischen Pro-

gramme wesentliche Gleichgewicht des ›Zu-Wort-Kommens‹ der gesellschaftlichen Gruppen stören, wenn nicht aufheben.

Die Regierungen und Parteien arbeiten nun allenthalben an Entwürfen für eine neue umfassende Mediengesetzgebung. Widerstand gegen die Verkabelung (und die Zulassung von privaten Sendeanstalten) leisten nur noch die Grünen.

Die gesellschaftlichen Folgen

Die bisher genannten Streitfragen geben ihre Brisanz unmittelbar zu erkennen. Die Parteien und Interessengruppen formieren sich. *Daß* der Bürger sich hierzu eine Meinung bildet, dafür muß vielleicht nicht eigens gesorgt werden – schon gar nicht durch Laien wie mich. Aber wenn wir nur von den Machtproblemen – von Kontrolle und Kosten, von Datenschutz und Arbeitsplatzverlust, von internationaler Konkurrenz und der »Kolonisation durch Satelliten-Informatisierung« – sprechen und nicht auch von *den* Folgen, die die uferlose Mediatisierung unserer Wahrnehmungen, Vorstellungen, Beziehungen für unser Leben überhaupt hat, werden die Entscheidungen unaufgeklärt fallen, wie so viele andere bisher: ohne Rücksicht darauf, was Menschen bekommt, was sie verkraften, was sie als Individuen und Gemeinschaften stärkt.

Die möglichen Folgen werden von den Streitenden – den Staatsmonopolisten und Status-quo-Verteidigern *einerseits* und den Verfechtern der freien Entfaltung dieses ›Wirtschaftszweiges‹, den Laßt-den-mündigen-Bürger-selber-wählen-Liberalisten *andererseits* – zwar erwähnt, aber alsbald unter ihrem jeweiligen Gesichtspunkt subsumiert.

Verständliche Ängste müssen ernst genommen werden. Aber die Hypothese, informations- und kommunikationstechnischer Fortschritt vernichte individuelle und gesellschaftliche Selbstverwirklichung und erzeuge unlösbare Folgeprobleme, wird deshalb nicht kompromißfähig. Diese Ansicht gehört ins Reich der Phantasielosigkeit... (Reuter, 1981).

Dem Vorwurf der Phantasielosigkeit kann ich standhalten und der schlimmeren Unterstellung auch: mit meinen kulturkritischen Argumenten leiste ich den ›braunen Kräften‹ Vorschub. Wieviel Phantasie haben die anderen gezeigt? Die geläufigen Zukunftsentwürfe sind Angstträume oder Grotesken: Sie verlängern die uralte Obsession des Menschen, er müsse sich Arbeit ersparen – erst physische und jetzt geistige – durch Apparate. Apparate haben uns viel Mühsal abgenommen, viel Freiheit, einen größeren Erfahrungshorizont geschenkt – solange *wir sie* benutzen, solange unsere Vorstellungskraft sie überschreitet, solange wir die Zwecke definieren. Nehmen uns die Apparate auch dies ab, schlägt die Befreiung in Versklavung, der Reichtum in Armut um.

Kulturkritik ist etwas anderes als Kulturpessimismus. Ich versuche, sie von der Aufklärung her zu treiben – also von der »Aufhebung der selbstverschuldeten Unmündigkeit«. Technischer Fortschritt ist nicht Fortschritt schlechthin. Ich unterstelle *niemandem* in dieser Debatte eine so hartnäckige Blindheit. Technischer Fortschritt kann der Verbesserung unseres Lebens dienstbar gemacht werden. Dafür muß der Mensch über der Technik stehen – sie und ihre Folgen übersehen und beherrschen.

Bei Alfred Grosser, einem der deutschen Spenglerei wahrhaftig nicht verdächtigen Manne, lese ich:

Die Geschwindigkeit des technischen Fortschritts ist so phantastisch, daß die soziale, die rechtliche, die politische Innovation kaum Schritt halten kann.

Ich folgere im Namen von Aufklärung und Menschenwürde, daß der (jeweils zu benennende) technische Fortschritt gedrosselt werde, bis er zu verkraften ist. Wir können nicht zulassen, daß Verhältnisse geschaffen werden, die wir nicht mehr – weder einzeln noch mit Hilfe unserer Republiken – kontrollieren und notfalls wieder rückgängig machen können.

Seit Jahrzehnten lehren uns marxistische Gesellschaftskritiker, wir müßten wenigstens den kommenden Generationen beibringen, daß, weil die Welt von Menschen gemacht sei, sie auch von Menschen verändert werden könne. Ach, wäre es so einfach! Wir haben vererbte Umwelten, die sich als ebenso unverrückbar erweisen wie Naturgesetze und ›göttliches Schicksal‹ (was immer das sei!). Oder sie ändern sich so langsam, daß wir Individuen den Kampf um ihren Wandel nicht überleben: Er wird, wie der Klassenkampf, zu einer eigenen neuen Wirklichkeit. Ja, ich nehme meinen eben ausgestoßenen Seufzer zurück: Es ist gut, daß der Mensch und seine historischen Einrichtungen sich so schnell nicht wandeln lassen. Was hätten die hemmungslosen Veränderer – die Robespierre, Hitler, Stalin – aus ihnen gemacht! Andererseits gibt es die von Ivan Illich so genannten »radikalen Monopole«. Er meint damit verabsolutierte Teilsysteme: Wir sind von einem Produkt, von der erfolgreichen Weise, ein bestimmtes Bedürfnis zu befriedigen, so vielseitig abhängig geworden, daß wir es nun um einen hohen gesellschaftlichen und individuellen Preis bedienen. Zu ihnen gehören das Auto, die Schule, die Medizin – und nun auch die Telematik.

Die Umstellung der Vielen hat immer auch Wirkungen für die Wenigen, die nun folgen müssen. Jahrzehntelang waren in den USA Autos ohne Automatik nicht zu haben; will ich einen handgetriebenen Schaumschläger kaufen, muß ich fast schon so viel zahlen wie für einen elektrischen – wenn ich ihn überhaupt auftreiben kann; mißtrauisch habe ich mir eine zweite aufziehbare Uhr gekauft, weil ich befürchten muß, daß es in Kürze nur noch Quarzuhren geben wird; damit, daß ich, auf dem Lande lebend, frischen Spinat nicht mehr bekomme (sondern nur tiefgefroren beim Universalkaufmann), habe ich mich abgefunden. Die Mehrheit diktiert, ohne es zu wollen oder zu wissen, in einer Industriegesellschaft, welche Bedürfnisse befriedigt werden. Was nicht in einer bestimmten Zahl hergestellt werden kann, wird gar nicht hergestellt oder zu einem unerschwinglichen Preis.

Dies will sagen: Die Herstellung wovon auch immer hat in einer Kultur der Massenproduktion Folgen für alle; die Güter bestimmen unsere Lebensformen; wird, wie in den (Neuen) Medien, Vorstellung zur Ware, sind auch unsere Denkformen, unsere rationalen Kontrollen betroffen; wir geben die Verfügung über uns und unsere Lebensgemeinschaft mit beinahe jeder Kaufentscheidung aus der Hand, deren Folgen wir uns nicht bewußt gemacht haben.

Günther Anders erzählt folgende Geschichte:

> Da es dem König aber wenig gefiel, daß sein Sohn, die kontrollierten Straßen verlassend, sich querfeldein herumtrieb, um sich selbst ein Urteil über die Welt zu bilden, schenkte er ihm Wagen und Pferd. ›Nun brauchst du nicht mehr zu Fuß zu gehen‹, waren seine Worte. ›Nun darfst du es nicht mehr‹, waren deren Sinn. ›Nun kannst du es nicht mehr‹, deren Wirkung. (Bd. I, S. 97)

Es geht mir in meinem Plädoyer also um drei Dinge:

1. Es gibt deutliche Grenzen des Wandels, der Selbstveränderung und des Lernens, das man den Menschen zumuten darf, es gibt deutliche Grenzen der Pädagogik.

2. Es gibt eine Scheinfreiheit, etwas, was wie mehr Verfügung über unsere Umwelt aussieht und in Wahrheit mehr Abhängigkeit von ihr bedeutet – um so mehr, als sich diese Abhängigkeit als Erweiterung unserer Wahl- und Handlungsmöglichkeiten verkleidet.

3. Es gibt die Chance des richtigen Zeitpunkts. Es gibt auch das Gegenteil: Versäumnis, Überstürzung, unselige Koinzidenz. Hier untersuche ich die Mechanismen des Wandels: Die Veränderungen unserer Lebensbedingungen dürfen nicht schneller vor sich gehen als die Veränderungen unseres Bewußtseins. Die Pilot-Versuche jedoch sind selbst schon der Vollzug. Die Kabel werden auch gegen den Widerstand der Bürger verlegt.

Grenzen des Wandels durch Lernen (1.)

So argumentiert, wer die Notwendigkeit oder gar Unvermeidbarkeit der Veränderung bestreitet und wer, frei nach Karl Kraus, in der Vermehrung der Information die Krankheit sieht, für deren Heilung sie sich selber hält. Wir haben die Information buchstäblich wesenlos gemacht, in dem wir sie unabhängig von Fragen und Problemen formulieren und speichern. Solche Information *kann* nützlich sein, wenn einer die Schwierigkeit ausgemacht, den Zusammenhang ergründet, sich die Folgen vorgestellt hat – d. h. er muß eine Fülle neuer Operationen bewältigen, bevor er die Information abruft und einsetzt. Hält er die Information schon deshalb für die geforderte Antwort, weil der Computer sie ihm unter dem entsprechenden Schlag- oder Frag-Wort liefert, ist er verloren.

Die Fähigkeit der Anpassung des Menschen ist fast unbegrenzt. Nicht hier liegt das Problem, sondern wie er über soviel Anverwandlung an die Gegebenheiten sich selbst bewahrt: Identität und Kontinuität seiner Werte, Überzeugungen, Selbstwahrnehmung. Anders ausgedrückt: Mit den Kindern der *TV-culture* ist keine Republik mehr zu machen. Sie werden die Apparate mit großer *efficiency* bedienen; sie werden die Fülle der Angebote ›gut‹ aushalten; sie werden eine unkomplizierte Wahl treffen; das alles wird ihnen keine Anfechtung bedeuten – und eben das macht sie untauglich für die ›antiquierte Menschheit‹ mit ihren ›antiquierten Republiken‹, die auf Anfechtung angewiesen sind, auf Philosophieren. Soll die Pädagogik weiterhin Verstehen, Bewußtheit, Verantwortung, Selbstkritik, *logon didonai* lehren, wird sie in der telematischen Welt ein Vielfaches wirksamer sein müssen als sie es heute ist – und schafft doch schon jetzt ihr Pensum nicht! (Davon später mehr.)

Scheinfreiheit (2.)

Das stärkste Gegenargument hiergegen ist, daß nur Freiheit zu Freiheit erzieht; wo die Menschen unmündig sind, muß man ihre Mündigkeit fingieren, ihnen Selbstverantwortung zumuten; der ›Großinquisitor‹, der die Bürde der Freiheit für die anderen schultert, solange sie sie nicht tragen können, nimmt ihnen die Chance, je stark genug dafür zu werden. Man lasse also den Bürger frei wählen, rechne damit, daß er Fehler macht und an diesen lernt, hoffe, der Königssohn werde eines Tages Pferd und Wagen verlassen und wieder querfeldein gehen.

Ich halte viel von dem Prinzip »Freiheit durch Freiheit«. Aber es gilt nur, wenn die in Freiheit hergestellte Unfreiheit grundsätzlich und praktisch wieder aufhebbar ist. Von ganzen Lebenssystemen, von denen man gleichzeitig lebt, nicht. Zudem hat der Bürger in dieser Sache keine freie Wahl, seine Freiheit ist eine Scheinfreiheit. Es nützt mir nichts, persönlich auf die Fülle der Angebote und den Kabelanschluß zu verzichten. Wenn das Angebot sich dadurch generell verändert (von Werbeträgern abhängig wird, spezialisiert und regionalisiert, und möglicherweise allgemein schlechter wird), bin ich mitbetroffen. Wenn die Bankschalter, die Reisebüros, die gedruckten Fahrpläne und Telephonbücher verschwunden sind, weil alles über den Bildschirm läuft, werde auch ich mich seiner bedienen müssen. Es steht mir ja auch längst nicht mehr frei, ein Auto zu besitzen oder nicht – wenn ich die freie Wahl meines Berufs, meiner Wohnung, meiner Freunde behalten will.

Der richtige und der falsche Zeitpunkt (3.)

Der Königssohn mag in Erinnerung an frühere Freuden in der Tat eines Tages wieder gern zu Fuß gehen wollen und sich allmählich wieder darin üben; aber ob der auf den Bildschirm konditionierte Bürger diesen verlassen wird, um unbequeme und hochriskante Verantwortung zu tragen, die niemand honoriert, die das System stört, die er selber nicht mehr kennt – das ist höchst unwahrscheinlich. Ja, gäbe ihm das telematische System die Freiheit, sich seiner zu bedienen oder *nicht,* und steckte in beidem ein gleich großes Risiko, eine gleich große Chance, die Leute hätten recht. An den Fehlern der Freiheit wird man kaum lernen können. Die Logik des Liberalismus, von *trial and error,* von *learning by mistake* trifft nur zu, wenn die Folgen die Menschen rechtzeitig erreichen, ja, wenn sie sie als Folgen des eigenen Handelns erkennen können. Viele Folgen werden erst in der nächsten Generation offenbar. Sie sind dann nur mit Mühe identifizierbar und in der Regel überhaupt nicht korrigierbar.

Es ist unheimlich, wie wir auf die Bedürfnisse von gestern fixiert bleiben, auch nachdem sie längst erfüllt sind. Die nachparadiesische Geschichte des Menschen hat ihn mit der Sehnsucht nach Mühelosigkeit imprägniert. Die Vorstellung, es sei beglückend, nur noch zu sitzen und zu schauen, die Welt auf der Mattscheibe zu sich zu zitieren und ihr Befehle zu erteilen, überdauert alle offenkundigen damit verbundenen Grauen, solange die physische Arbeit entfällt. So werden wir auf das Imaginieren, Codieren, Kombinieren zurückgestutzt. Und weil der Körper sich an Geist und Seele rächt, richten wir absonderliche Fitness-Zentren ein, in denen wir sinnlose Bewegungen ausführen, das Radfahren, das Rudern, gar das Laufen simulieren; wir errichten Kernkraftwerke, die die Energie für unsere Apparatewelt hervorbringen und uns zugleich abgründig beunruhigen; die in den Apparaten verlorengegangenen Beziehungen holen wir uns in künstlichen *encounter-groups,* den verlorengegangenen Lebenssinn beim Bhagwan wieder.

So betreiben wir die Zerstückelung und Verdinglichung unserer Existenz, weil dies das Gesetz von Wissenschaft und Technik ist; wir verstoßen damit gegen all das, was in unserer Kultur als Weisheit tradiert wird. Die Telematik ist nur ein Teil, aber ein besonders wirksamer, des ›Ungedachten in der Technik‹, dem der Mensch nicht erliegen soll.

Drei verschiedene, vertraute, verwandte Bilder

1. An der Ausfallstraße von B. nach S. bewegt sich ein orangefarbenes gedrungenes Fahrzeug – langsamer als ein Kleinkind – am Straßenrand entlang. Ein ausgestreckter ›Arm‹ mit vier Gliedern führt einen Scherkopf über die Böschung mit all ihren Winkeln und Unregelmäßigkeiten. Die Maschine ist laut, die Bedienung eintönig, das Ergebnis mäßig. Vermutlich ist dieses Verfahren zur Sicherung der Straße gegen Überwucherung billiger als eine Sensenmannschaft, von der außerdem versichert wird, daß es sie nicht mehr gibt. Aber ist es sinnvoll, ja auch nur notwendig, und auch dann noch billiger, wenn man alle Folgen in die Berechnung einbezieht? Wir klagen über Mangel an Arbeits-

plätzen und Energie – und hier vernichten wir beides. Das Mähen von Hand ist zwar anstrengend, aber sowohl gesund als auch rationell und wirksam. Die Abgase am Straßenrand sind schädlich, aber dem einen, der das Gerät fährt, muten wir sie – und den Lärm der eigenen Maschine – trotzdem zu, und dies acht Stunden am Tag. Wenn wir die Sensenmänner nur vier Stunden am Tage arbeiten ließen und hoch genug bezahlten, es fänden sich vermutlich genügend, die dies tun, und wären immer noch billiger als die Arbeitslosenunterstützung, die man ihnen z. B. für den nicht ausgeübten Beruf des Studienrats zahlt, plus die Kosten der Maschine.

2. Bei der Bundesbahn werden seit einiger Zeit die Fahrkarten durch Computer ausgefertigt. Der Beamte gibt das Ziel, die Klasse, das Datum ein – und dann wartet er untätig. Das Publikum wartet ebenfalls – in meinem Bahnhof in mehr und in längeren Schlangen als früher. Pannen legen den gesamten Fahrkartenverkauf lahm. Die Beamten fühlen sich in ihrer Rolle nicht wohl und zeigen sich mißmutig. Niemand hat ihnen etwas zu danken, und Auskünfte können sie nicht mehr geben. Eiliges kann nicht eiliger erledigt werden. Früher haben sie den Kunden bedient, heute bedienen sie den (launischen) Apparat. Der ›Vorteil‹ liegt irgendwo bei der Verwaltung und beglückt niemanden. Billiger ist die Bahn nicht geworden, nur unpersönlicher, und Personal darf sie nicht sparen, wenn ihr die Gewerkschaft nicht aufs Haupt schlagen soll. Zu den alten von Hand betriebenen Fahrkartendruckmaschinen wird man nicht zurückkehren. Es bleibt die Hoffnung auf eine Zukunft, in der wir den Zielbahnhof und unseren Hundertmarkschein selber in den Automaten geben. Mögen genug davon auf den Bahnhöfen herumstehen – und nicht alle immer kaputt sein.

3. Wir werden dann wohl zu Hause an unserem Heim-Universal-Abrufgerät sitzen, die Reise telematisch buchen und

mit einem Coupon zur Station gehen, der nicht mehr den Zielbahnhof, sondern die standardisierte Entfernungszone und die Bestätigung enthält, daß der Betrag abgebucht ist. Der oben dargestellten Vision zufolge werden wir das Haus nur noch verlassen müssen, wenn wir eben dies wollen. Fast alles, was uns heute dazu nötigt, erledigt man dann über Taste und Bildschirm. Ja, warum eigentlich überhaupt verreisen, wo doch alle Sehenswürdigkeiten – die fernsten Länder (ohne deren schlimmes Klima), die exotischsten Völker (ohne deren angreifende Armut und ansteckende Krankheiten), die Museen und bedeutenden Bauwerke (in bedachter Auswahl und Gegenüberstellung), die Folklore und die Naturwunder (aus der Gipfelperspektive und von ganz nah), die bedeutenden Menschen (die man sonst nicht zu sehen bekommt) und die ganze Geschichte obendrein – vom Zentral-Speicher der One-World-Media-Corporation zu uns ins Wohnzimmer kommen können. Wir büßen freilich das Glück ein, etwas gesehen zu haben, was Meiers von nebenan nicht kennen. Aber das macht vielleicht nicht soviel aus, wenn wir gewiß sein können, daß auch Meiers nichts sehen, was wir nicht kennen, ja, wenn buchstäblich alle Welt das gleiche sieht. Die Anfänge sind gemacht: In Indonesien bin ich kürzlich mit einem einfachen Bus durch die märchenhafte Landschaft von Bandung nach Yogyakarta gereist. Der Bus war mit Bildschirm und Videorecorder versehen und zeigte einen amerikanischen ›Roadster‹-Film.

Man hat hinfort die Wahl, ob man in der wirklichen Welt oder der aufgezeichneten Welt, in der Gegenwart oder der Vergangenheit oder in der Zeitlosigkeit leben will. Allerdings: die Zeit selbst kann das Magnetband weder raffen noch strecken. Da haben wir die Wahl zwischen *playback* und Leben.

Sirenengesang

Diese Bilder schrecken mich – und daran sind nicht die Medien schuld, sondern vor allem die Menschen, die sich so von ihren eigenen Erfindungen entmündigen und entwürdigen lassen. Was man tun kann, um die schlimmsten Folgen der Neuen Medien abzufangen, ist Thema des nächsten Kapitels. In diesem wende ich mich gegen die Verlockungen oder die Drohgebärden, die ihre Einführung begleiten und beschleunigen. Die wichtigsten sind: (a) Mit den Neuen Medien vollziehen wir den notwendigen Schritt zur ›Informatisierung‹, der, wenn er nicht schon aus der Sachentwicklung heraus nötig wäre, uns durch die internationale Konkurrenz aufgezwungen wird. (b) Zugleich ermöglichen sie die Umwandlung unserer repräsentativen, oligarchischen Kultur in eine ›offene Kommunikationsgesellschaft‹.
(c) Es gibt nicht nur einen genuinen Bedarf an Telematik, diese gibt weit über sich hinaus beschäftigungspolitische Impulse.

Die Behauptung von der notwendigen Informatisierung der Gesellschaft

Die großen westlichen Industrieländer betreiben eine nationale Politik dieses Namens: um der wirtschaftlichen Leistungsfähigkeit des Landes willen. Die Abhängigkeit der Industrienationen vom Export, die scharfe Konkurrenz, die sie einander hierbei nicht nur mit den einzelnen Produkten, sondern mit ganzen Produktsystemen machen, und der sichtbare Vorsprung, den die Länder haben, denen kulturkritische Skrupel fernliegen, machen hieraus ein formidables wirtschaftspolitisches Argument. Die Bundesrepublik dürfe die Chance, die sie auf diesem Gebiet noch habe, nicht genauso blauäugig verschenken, wie sie dies mit ihrer starken Position in der Phototechnik und in der Luftfahrt getan habe und heute mit der Kernkrafttechnik zu tun im Begriff sei.

Wenn der deutsche Bundesminister für die Post, Schwarz-Schilling, über Neue Medien redet, klingt das so:

Wir müssen uns riesig beeilen. Auf diesem Feld wird gleichzeitig mit darüber entschieden, ob wir ein führendes Industrieland bleiben, ob wir unsere Exporttätigkeit behalten, ob wir langfristig unser Arbeitsmarktproblem [!] zu lösen imstande sind, ob wir unserer Jugend noch eine interessante Zukunft [!] bieten können. (Schwarz-Schilling, 1983)

Ein Zwang zur Informatisierung bestehe aber auch sachlich. Die Entwicklung von Wissenschaft und Technik gehe diesen Weg: »Information ist gleichbedeutend mit Steuerung« (Reuter, 1981). Steuerung ist das, was die Maschine zum Roboter, zum vollen Ersatz des arbeitenden Menschen macht. Über die Telematik verbindet sich der einzelne Mensch einerseits mit der zu steuernden Sachwelt und andererseits mit den gesellschaftlichen Steuerungs-Clues und -Mustern: »Erst so werden die Steuerungsmöglichkeiten voll genutzt.«

Zu den beiden Argumenten kommt eine Reihe von stützenden Annahmen hinzu: Die Energieverbrauchsbilanz werde entlastet, weil der Transport von Gütern und Personen rationeller oder ganz überflüssig werde. Heimarbeit werde in immer weiteren Bereichen möglich sein. Andererseits seien starke Wachstumsimpulse zu erwarten. Allein für die Ausstattung der Bundesrepublik mit einem einfachen Breitbandverteilungsnetz (ohne Rückkanal) werden 30 Milliarden aufgebracht werden müssen. Hinzu kommen neu zu entwickelnde Endgeräte und eine noch überhaupt nicht abzusehende Produktion von soft-ware, also von Programmen, mit denen das telematische System gespeist wird. Mühelos sprechen die Experten von einem Investitionsvolumen von 150 Milliarden (*Dialog* 1981, S. 82). Ja, es wird angesichts der dadurch entfesselten Bewegung das uns seit zwei Jahrzehnten beschäftigende Problem der Mobilität der Arbeitskräfte zugleich verschärft und beantwortet: der Wechsel in der beruflichen Tätigkeit, die Chance und Möglichkeit des Umlernens, das schulunabhängige *lifelong learning* – sie werden ja durch die Medien, die im weitesten Sinne Lernmedien sind, dramatisch gefördert.

Das Tückische am ersten Argument – daß, wenn wir nicht ein informatisiertes Industrieland werden, wir zum Entwicklungsland herabsinken – ist, daß uns jede einigermaßen entschlossene Nation dazu zwingen kann, ihren Unfug mitzumachen. Sätze wie dieser bereiten die Kapitulation vor:

> Man mag diesen Trend (daß Nationen sich als Wirtschaftseinheiten verstehen, die mit anderen konkurrieren) nicht zur Kenntnis nehmen, ihn bedauern oder ihn begrüßen, an der Tatsache, daß es politische und wirtschaftliche Verhaltenszwänge gibt, die das wirtschaftliche und nationale Ergehen engstens an Innovationen koppeln, wird man nicht viel ändern. (Seetzen, 1981)

Das Tückische am zweiten Argument ist, daß es so aussieht, als gehe es bei Information und deren Vermehrung tatsächlich um die Fähigkeit, das System zu steuern. Dies ist ein Irrtum und in der Hand derer, die ihn verbreiten, eine Täuschung. Die häufige Verwendung des Wortes »Zwang« (zur Informatisierung) widerlegt die so propagierte Hoffnung. Information ist nur dann Steuerung, wenn ich sie dazu mache – und dies ist eine eigene und im (durch Computer komplex gewordenen) System immer schwerer werdende Aufgabe. Schon die Wörter »Wissen« und »Kenntnis« bezeichnen eine geistige Leistung, die oberhalb dessen liegt, was wir unter »Information« verstehen. Information ist ein vom Subjekt des Bewußtseins abgelöstes Datum, ein speicherbares, abrufbares, transportierbares, meßbares Quantum, das eben durch diese Eigenschaften zu einem von den Gütern geworden ist, über die *wir* herrschen müssen, wenn sie nicht uns beherrschen sollen. Die Geschwindigkeit, mit der eine solche Information heute verfügbar gemacht und mit anderen kombiniert werden kann, erzeugt für den einzelnen im Augenblick der Entscheidung eine bedrängende Dichte, von der ihm keine weitere Information etwas abnimmt, die sie vielmehr noch vermehrt. Es verrät die Sicht der Techniker, daß Information mit Steuerung gleichgesetzt wird. Diese Sicht stimmt für die nach diesem Prinzip konstruierten Geräte. Für die politischen, moralischen und sozialen Entscheidungen trifft das Bild überhaupt nicht zu. Die neuen Informationstechniken vermehren weder unser Wissen überhaupt, noch steigern sie durch sich allein die Entscheidungsfähigkeit. Es ist von größter Wichtigkeit, daß wir uns dies klarmachen: Es gibt in der Menschheit immer nur soviel Wissen, wie in ihrem Bewußtsein aktiviert werden kann – ganz gleich, wieviel mehr wir in unseren Computern gespeichert haben.

Weizenbaum leugnet die Berechtigung solcher Argumente nicht, aber er macht auch ihren tautologischen Charakter deutlich: Wenn die amerikanischen Banken behaupten, sie wären zusammengebrochen, hätte man nicht ›im rechten Augenblick‹ den Computer erfunden, dann ist dies nur die Kehrseite der Tatsache, daß die Entwicklung, die die Banken in den letzten zwei Jahrzehnten durchgemacht haben, ohne den Computer nicht möglich gewesen wäre. Wäre der Computer 1940 verfügbar gewesen, jeder hätte geschworen, das *Manhattan Project* hätte ohne ihn nicht durchgeführt werden können, und gar wenn Hitler-Deutschland den Computer gehabt hätte, würde niemand glauben, daß die Nazis ihre Macht ohne dieses Gerät erreicht hätten (Weizenbaum, S. 27).

Auf einem Podium über Neue Medien in Berlin war vor

zwei Jahren gedankenlos davon die Rede, daß man eine ganze Enzyklopädie über das Breitbandsystem ›verteilen‹ könne. Technisch ist das sicher möglich. Gedankenlos war die Äußerung insofern, als dies nichts besagt. Wissen ist nicht wie das Wasser in der Wasserleitung. Wissen ist nur, was man sich angeeignet hat. Die uns verprochene Cassette von der Größe einer Zigarettenschachtel, auf der das Wissen der gesamten Welt unterzubringen sei, werde ich mir, wenn sie im Laden zu haben ist, kaufen, um sie genußvoll in den nächsten Gully fallen zu lassen. Der Genuß wird darin bestehen, daß ich in dem Augenblick beweise, daß die Welt nichts, aber auch gar nichts verliert, wenn dieser ›materialisierte Geist‹ verschwindet. Hat sie nichts daran verloren, kann sie auch nichts daran gewonnen haben.

In jener Berliner Podiums-Diskussion kamen die Verben »verstehen«, »nachdenken«, »vorstellen«, »überschauen«, »wahrnehmen«, »bezweifeln«, »überprüfen«, »bewerten« nicht vor. Fällt die Gesellschaft in zwei sich so hoffnungslos nichtverstehende Lager auseinander, weil die einen ihre geistige Welt immer schon so materialisieren, wie das in der Informatik geschieht, während die anderen antiquiert weiterphilosophieren? – *Mir* ist gewiß, daß wir nicht die informatisierte, sondern die deliberative, die beratende Gesellschaft brauchen, die sich dazu freilich der Information bedient.

Es mag sein, daß die Telematiker dies auch meinen. Dann sollten sie davon sprechen und nicht den Eindruck erwekken, als ergebe sich schon aus mehr Information mehr Steuerungsfähigkeit.

›Steuern‹, das ist für mich: ein Schiff auf einem offenen Gewässer (also in einem Raum von Notwendigkeit, Zufall und Freiheit!) dahin bringen, wo ich es haben will – mit Gründen. ›Steuern‹ heißt nicht: einen Apparat auffordern, aus seinem Datenreservoir die Kombination zu errechnen, mit der ich am schnellsten zum vorbestimmten Ziel komme.

Dies kann eine Hilfe sein. Das Steuern fängt für mich dann erst an.

Die informatisierte Gesellschaft ist die zur Totalität und Perfektion getriebene Sophistik: Sie hat aus Geist eine Ware gemacht und dies in einer Zeit, in der wir nichts so sehr brauchen wie die Sokratische Philosophie.

Marshal McLuhan hat wohl als erster die Menschheitsgeschichte in diese drei Phasen geteilt: die mündliche Kultur, der die schriftliche folgte, die nun durch die elektronisch-bildliche abgelöst wird. Er hat nicht bemerkt und jedenfalls nicht gesagt, daß die Reihenfolge eigentümlich umgekehrt verläuft, als man erwartet: vom nur Vorgestellten über das symbolisch Fixierte zum materiellen Abbild. Den Verlust, den die Menschheit erlitt, als sie vom ersten zum zweiten überging, von der vieldimensionalen Denk- und Wahrnehmungsweise, in der die Zeit vor dem Bewußtsein angehalten wird, zur linearen mit Kausalität und Historizität, hat er eindrücklich beschrieben und negativ bewertet. Den Schritt vom zweiten zum dritten hat er weniger klar dargestellt und ganz außerordentlich gefeiert. Man mag sich mit ihm über Wirkung und Wertung streiten, richtig ist, daß diese Schritte Bedeutung für die Menschheitsgeschichte haben. Da genügt dann das Argument nicht: Wenn wir's nicht machen, machen's die Japaner...

Je weiter das *electronic age,* die *TV-culture,* die Informatisierung der Gesellschaft fortschreiten, um so mehr ist Philosophie gefordert – die *dialektike techne.*

Die Behauptung von der ›offenen Kommunikationsgesellschaft‹

Wenn die Vertreter einer breiten und schnellen telematischen Entwicklung von der ›offenen Kommunikationsgesellschaft‹ sprechen, dann beginnen ihre Augen zu leuchten. Sie sprechen von einer Verheißung. Kommunikation – das ist ein Gut an sich. Der deutsche Bundesminister für die Post weiß, daß, wenn wir verkabeln und, mit Hilfe der Satelliten, europäische und andere Fernsehprogramme dem Bürger zugänglich machen, »der souveräne Bürger... dann zum souveränen Medienbürger« wird. »Die Verkabelung kann die Lebensqualität mittels neuer Kommunikationsmöglichkeiten ganz erheblich verbessern.« – Darum haben auch »die Kommunen... im Interesse ihrer Bürger das Recht, die Verkabelung zu fordern, notfalls sogar einzuklagen« (Schwarz-Schilling, 1983).

Mit Hilfe der neuen Medien werden wir nun endlich nicht nur Empfänger von Bildern und Informationen sein – wir werden ›kommunizieren‹. Fast hätte ich das Wörtchen »echt« in den Satz eingeschmuggelt. Demnach sind wir jetzt Opfer eines Einbahn-Systems der Medien und werden durch das Breitband zum Dialog befreit. Verschwiegen wird, daß mir (!) auch in Zukunft natürlich nicht Herr Köpke oder Herr Alt oder Frau Weege antworten werden, sondern ein gespeichertes, durch den Computer abgerufenes Programm. Verschwiegen wird, daß ich die Antwort zwar abwarten oder löschen kann, aber nicht, wie im wirklichen Dialog, durch Rückfrage, Einwand, Unmutsgebärde oder Beifall unterbrechen und auf mein Problem lenken kann. Verschwiegen wird, daß die Antwort gleichsam aus dem Nichts kommt, vaterloser noch als die Schrift des Theuth. Die Bildschirmtexte haben alle ihren ›Anbieter‹. Je nachdem, ob dieser *Bild* heißt oder *SPD-Bezirk Niederrhein* oder *Unternehmerschaft Düsseldorf,* werde ich andere Auskunft erwarten und bekommen. Aber niemand wird die Anbieter zwingen können, in der Ankündigung schon ihre Farbe zu bekennen, wie das in diesen drei Beispielen der Fall ist. Und vollends gespenstisch wird es, wenn aus irgendeiner deutschen Ängstlichkeit heraus alle diese Auskünfte in die Kontrolle der Öffentlichkeit, einer Treuhänderschaft, einer Anstalt des öffentlichen Rechts gelegt werden. Schon jetzt, da die Bundespost der neutrale Nachrichtenträger ist, kann dies zu gefährlichen Folgen führen. Man wird sich in der Sicherheit wiegen, der ausgewogene Stumpfsinn sei die (unparteiische) Wahrheit.

Verschwiegen wird, daß sich die Antwort, allein indem sie so massenweise gegeben wird, verändert. Wird jemandem innerhalb eines öffentlichen Systems ein Informationsvorsprung zuteil, dann hat er ihn auf Kosten anderer, und der Staat hat sich der Begünstigung schuldig gemacht. Gibt es keinen Informationsvorsprung und meint der Abnehmer gleichwohl, ihm sei ein solcher eben gewährt worden, ist er noch ärger betrogen. Harmlos ist das allemal nicht.

Wer verspricht, es werde durch das Bildtelephon, durch den Austausch von Filmen und Kassetten, durch telematische Behördenarbeit (ein Berliner Rathaus bietet einen solchen Bürger-Service) die soziale Kommunikationsdichte erhöht, der hat ein denaturiertes Verständnis von menschlicher Beziehung. Vielleicht bezeichnet ›Kommunikation‹ exakt dies, und dann sei auch davor gewarnt! Wenn Menschen einander nicht gegenseitig aufsuchen *können,* dann ist ein Telephongespräch eine Bereicherung. Wo aber das bequeme Medium den Besuch ersetzt – und dies gilt erst recht für den Besuch von Versammlungen, Clubs, Arbeitsgemeinschaften, deren ›Kommunikation‹ nun über den Computertext verbreitet wird –, da haben die neuen Medien soziale Beziehungen zerstört. – Auch hierzu haben die Telematiker technische Lösungen, denen ich prinzipiell mißtraue, solange sie nur die Häufigkeit und nicht die Intensität und Qualität der Beziehung steigern – und ihre Freiheit.

Die Behauptung vom Bedarf

Die vom Bundesminister für Post- und Fernmeldewesen eingesetzte Kommission für den Ausbau des technischen Kommunikationssystems (KtK) hat noch im Jahre 1976 »keinen Bedarf« für eine größere Anzahl von Fernsehprogrammen gesehen und deshalb die Errichtung eines bundesweiten Breitbandverteilnetzes nicht befürwortet. Das hat den Befürwortern keine Ruhe gegeben. Billigere Empfangsmöglichkeiten, ein breiteres Angebot, ein allgemeines Gespräch über die darin gelieferten Informations- und Unterhaltungsmöglichkeiten könnten in der Tat einen solchen Bedarf noch schaffen. Btx, also das Schmalbandsystem, mit seinen starren, mühseligen Bildtexten erwartet in den nächsten fünf Jahren eine Zunahme der Teilnehmer auf eine Million. Wenn die Post, der Netzträger, sich da nur nicht täuscht!

Amerikanische Kabelgesellschaften stecken zur Zeit zurück – oder machen pleite. In der Bundesrepublik sind bisher 600000 Haushalte angeschlossen. Der *Spiegel* meldet Unlust bei den Bewohnern, denen man die Verkabelung im Rahmen von Pilotversuchen andient. Nicht einmal 40 % nutzen in Frankfurt die vermeintlich so große Chance. 70 % der Bevölkerung finden den Umfang des derzeitigen Programms ausreichend; nur 5 % halten das Kabelfernsehen für »notwendig« (*Der Spiegel,* Nr. 31, 1. 8. 83, S. 36ff.). Dabei drücken die Gebühren im Versuchsstadium noch nicht. Sie sind um fünf DM im Monat erhöht. Damit das Netz sich lohnt, müßte jeder Teilnehmer 125 DM im Monat zahlen. Eine Rolle spielt sicher der zur Zeit stark expandierende Video-Markt: vier Millionen Geräte sind in der Bundesrepublik in Betrieb. Seit Jahren stagniert der Fernsehkonsum. Die Fürsprecher der Verkabelung sagen: Weil das gegenwärtige Angebot zu schlecht sei, müsse es erweitert werden.

Die Opponenten sagen: weil es offenkundig keinen größeren Bedarf gebe.

Sieht man, wie das hier ständig geschehen ist, auf das ganze telematische System, dann sind die großen Einbrüche an anderer Stelle zu erwarten. Edzard Reuter teilt mit, den Schätzungen der EDV-Industrie zufolge sei der Anteil der im »Informationssektor« Beschäftigten in der Bundesrepublik von etwa 22 % im Jahre 1950 auf gegenwärtig über 40 % gewachsen, umfasse also 8–10 Millionen Arbeitnehmer, die jährlich zwischen 100 und 200 Milliarden DM kosten. Schon jetzt gelte ein Viertel der Büroarbeiten als automatisierbar.

Ob sich die Gesellschaft Rationalisierungen in diesem Umfang leisten kann, bevor sie weiß, wie sie mit der strukturellen Arbeitslosigkeit umgehen soll, d. h. solange sie nicht beschließt, die Arbeitszeit zu verkürzen und die Arbeit selbst neu zu verteilen, sei hier wenigstens gefragt. Die Antworten der Befürworter der großen telematischen Expansion sind in diesem Punkt vage:

> Jedenfalls können mit einer breiten Anwendung der telematischen Techniken mehr Arbeitsplätze gesichert werden als ohne sie.

Diese Bestimmtheit enthält den Kern eines vielleicht unbewußten Zynismus: Wir werden nach dieser Auffassung in Zukunft nicht für schöneres Wohnen, weite Reisen, mehr Gesundheitsdienste und Sicherheit arbeiten, sondern für mehr telematischen Konsum. In unseren *science fiction*-Filmen ist das schon so: Junge und ältere Leute sitzen da vor elektronischen Flipper-Maschinen und stoßen Lustschreie aus über die *space cruisers,* die sie telematisch abgeschossen haben.

Arbeitslosigkeit speist die Arbeit: In dem Maß, in dem Menschen nicht arbeiten, werden sie Bildschirmgeräte, elektronische Unterhaltungsmaschinen, telematische Berater und Psychiater, Kontaktvermittlungen und Unterricht haben – die Vorbereitung auf den nächsten, durch Telematik verursachten Berufswechsel. Ja, wer arbeitet und wer nicht, wird man äußerlich kaum erkennen können: Beide sitzen vor einer Mattscheibe mit Tastatur. Der Unterschied ist: Der eine muß, der andere darf – und der eine hilft die Maschinensteuer aufbringen, aus der der andere bezahlt wird.

Die Antwort auf die Frage, ob es einen Bedarf nach mehr Fernsehprogrammen (oder Bildschirmtext) gibt, hängt von vielen Bedingungen ab:

– wie verschieden die angebotenen Programme sind;
– wie gut in ihrer jeweiligen Verschiedenheit;
– wieviel Zeit und Kraft die Menschen haben, sie aufzunehmen;
– wie man erkennt, ob das Programm den Zeitaufwand wert sein wird;
– welche Erfahrungen man mit anderen Formen des Fernsehens hat machen können;
– was man mit den – immer begrenzten – Mitteln überhaupt tun kann und will: den Hungertod (von täglich 40000 Kindern!) in dieser Welt aufhalten, die Natur retten, Zeit füreinander haben *oder* jeden Deutschen mit Zweitwohnung und Zweitauto versehen, über mehr atomare Sprengköpfe verfügen als der potentielle Gegner, die Bundesrepublik verkabeln, damit wir zwischen 30 statt zwischen drei Programmen wählen können.

Jerry Mander schreibt am Ende seiner großen Streitschrift gegen das Leben aus zweiter Hand lapidar: »Dieses Buch sollte... deutlich machen, daß das Fernsehen ganz einfach nicht besser gemacht werden kann.« (S. 307) Die Probleme liegen in der Technik selbst. Aber er gibt doch einige Bedingungen an, unter denen die Übel des Fernsehens (ich werde sie selber weiter unten aufzählen) gemildert werden können. Sie reichen von der Einschränkung der Sendezeit über das Werbe-Verbot bis zur Streichung der Krimi-Serien und der Nachrichten (wegen der unvermeidbaren und gefährlichen Verzerrungen, die beim Umsetzen der Ereignisse in Fernsehbilder entstünden) und zur entschlossenen Regionalisierung. Ich fürchte, diese Maßnahmen werden die Sehnsucht nach dem alten, dem heutigen TV gewaltig beleben, und *das* Bedürfnis würde sich – in a free country – dann auch mit Recht durchsetzen.

Ich selber bin eine schlechte Testperson: Ich habe keinen Bedarf an ›mehr‹ Programmen, weil mir die Zeit fehlt und eine Personengruppe, mit der mich diese Programme enger verbinden würden. Wäre das Programm der gegenwärtig erreichbaren drei Anstalten ständig gut, es gäbe mir das Gefühl einer unverdienten Bestrafung: dafür, daß ich einen mich ausfüllenden Beruf habe. Gottlob gibt es in der Regel an jedem Abend höchstens eine Sendung, die ich gern sähe und der ich nachtraure, wenn ich verhindert bin. Für Sendungen, die ich mir habe aufzeichnen lassen, finde ich oft jahrelang die Zeit nicht – und dann werden die Kassetten für anderes gebraucht.

Anderen geht es anders. Alten Leuten zum Beispiel. Aber auch bei ihnen nehme ich nicht wahr, daß sie zwischen mehr Programmen wählen wollen. Die Tatsache, daß bestimmte Sendungen, die sie interessieren, nicht zu jeder Zeit zu haben sind – notfalls auf einem anderen Kanal –, gibt ihrem Fernsehtag eine Gliederung, steigert die Erwartung und läßt sie zwischendurch beruhigt ausschalten. Die »addiction« ist auch damit nicht gebannt, aber es ist ein Unterschied, ob das Fernsehen zur Bildkulisse wird, wie für viele das Radio zur Geräuschkulisse geworden ist, und damit die Kommunikation, die wir eigentlich suchen, erschwert oder verhindert.

In der Tat gibt es in der technisierten Welt ein gesteigertes Bedürfnis nach Beziehung: nach Nähe zum anderen, Zuwendung (und sei es im Streit, über den eine Beziehung sich oft erst ihren Weg bahnt), Bekenntnis, Geständnis, Tröstung, Widerspruch, Geduld... Solche Beziehung ist nicht ohne Mühe, darum lohnt sie. Das Fernsehen liefert hierfür eine nicht leicht zu durchschauende Ersatzbefriedigung – eine ablenkende Erregung, die den Menschen doppelt allein läßt, wenn sie vorüber ist. Es bringt darum etwas hervor, was ich »Hunger auf Person« nenne und deutlich an meinen Fernsehkindern in der Schule erlebe. Nichts fasziniert meine zehnjährigen Lateiner so wie meine Zuwendung zu ihnen; ständig wollen sie etwas aus meinem Leben hören und drängen mir Berichte aus dem ihren auf; wenn ich ihnen am Freitag nachmittag die griechischen und römischen Sagen erzähle, sind sie völlig gebannt – nicht nur von Hektor und Achill, Lucius Brutus und Mucius Scaevola, sondern davon, daß dies buchstäblich *durch mich* kommt. Hätten sie die Wahl zwischen einem Film über die Blendung des Polyphem und meiner Erzählung, sie würden zunächst wohl den Film wählen, aus Gewohnheit und Neugier, aber sie wären nicht halb so befriedigt.

Dort, wo das Fernsehen sich auf zwei oder drei Programme beschränkt wie in Deutschland, England, der Schweiz, hat es auch eine die Wohnstube überschreitende soziale Funktion. Hier wird Abend für Abend der Gesprächsstoff für den nächsten Vormittag geliefert; hier wird die Welt geöffnet; hier werden die Zuschauer mit anderen als den örtlichen Ansichten, Problemen, Lebensmöglichkeiten konfrontiert. Und weil die zehn Damen, die im Büro gemeinsam Kaffeepause machen, oder die fünf Nachbarinnen, die sich beim Einkauf treffen, oder die acht Arbeiter, die gemeinsam zur Schicht fahren, ihre Fernsehabende nicht auf dreißig Programme verteilen, sondern äußerstenfalls auf drei, kommt das Gespräch auch tatsächlich zustande. Daß es zahllose Sonderbedürfnisse gibt, die in diesem System nicht befriedigt werden, ist mir bewußt. Sie weichen heute, wie man uns sagt, auf die Kassette aus und werden das in wenigen Jahren über billigere Geräte und einen breiten Ausleihdienst erst recht tun. Auch das trägt zur Mediatisierung unserer Kultur bei, aber die Kosten trägt der, der das Sonderprogramm will. Das Breitband-Vermittlungssystem zahlen und erleiden wir alle. – Wohlgemerkt: Ich befürworte nicht das Video-Unwesen. Aber ich kann es in unserer Gesellschaft nicht ohne tiefe Eingriffe in die freiheitliche Ordnung verhindern. Die Verkabelung dagegen kann man sein lassen: Sie ist nach unseren Gesetzen Sache der Bundespost.

Es ist hier zunächst stillschweigend vorausgesetzt worden, daß ›der Bedarf‹ *ein,* wenn nicht *das* Maß für die Vermehrung der telematischen Angebote sei. Ob das wirklich so ist, darüber läßt sich erst entscheiden, wenn man geprüft hat, welche Umstände welche Bedürfnisse hervorgebracht haben und welche Bedürfnisse wiederum den Bedarf. Wenn unsere 14- bis 16jährigen plötzlich massenweise nach Schnullern verlangten, würden wir doch hoffentlich in erster Linie nachforschen, was dieses falsch placierte Bedürfnis verursacht hat, und nicht meinen, wir müßten ihnen das Begehrte aushändigen. Wenn die jungen Leute in der Umgebung meiner Schule mit Kopfhörern angetan und einem *walkman* in der Tasche selig auf ihren Rollschuhen dahergleiten, dann gönne ich ihnen dies, aber ich weiß auch, daß es eine Ausflucht ist, eine Anklage gegen die von uns gemachte Welt, deren Erlebnisformen und Aufgaben sie nicht locken.

Ein ganz anderes ›Bedürfnis‹ tritt am anderen Ende auf. Offensichtlich nimmt eine Erscheinung rapide und beängstigend zu, die man ›Computer-Kriminalität‹ nennt. Unsere apparativen Kommunikationsgefährten werden ›geknackt‹

oder unter Wasser gesetzt (Folge: Schmorschäden, 12 Tage Betriebsunterbrechung, Kosten 3½ Millionen) oder in Brand gesetzt oder der entscheidenden Lochstreifen beraubt. In der Zeitschrift *Computer-Woche* heißt es: »Oft handelt es sich um Affekttaten, bei denen einer nach wiederholter Wartezeit und blinkendem Terminal mit dem Fuß dagegentrat.« (Zit. in Onlein, 1980) Auch das ein Bedürfnis und ein sehr verständliches!

Nur ›notwendig‹ oder auch ›wünschenswert‹?

Die aufgeführten Argumente antworten nicht auf die Frage, welchen gesellschaftlichen Nutzen die Erweiterung des telematischen Systems habe – außer der wirtschaftlichen Dynamisierung, der Wahrung der Konkurrenzfähigkeit. Ist das Breitband-Vermittlungssystem im Ernst wünschenswert? – Diese Frage wird alsbald mit der nach der Notwendigkeit erschlagen.

Wir haben gehört: Die Vermehrung der Programme und Programmhersteller bewirke eine Dezentralisierung, genauer eine Entmonopolisierung, die Aufhebung von Macht und nicht ihre Zunahme. Und auch (was nicht dasselbe ist): Das Breitbandsystem sei eine Art Glaubensbekenntnis zum mündigen Bürger.

Wenn dies stimmt, läßt es sich vermutlich unter ›wünschenswert‹ buchen. Aber ich muß fürchten, daß es nicht stimmt, daß vielmehr das Individuum noch einmal gegenüber den Organisationen geschwächt wird, genauer: daß der Zuwachs an Macht der Anstalten (ob privat oder öffentlich) den Zuwachs an Möglichkeiten des Individuums ungleich übertrifft. Ich muß auch fürchten, daß das Bekenntnis zum mündigen Bürger – wie so oft – wohlfeil ist.

Gegen die verkündete Erwartung stelle ich einfache Sätze

wie diesen: Nur wenn ich das Angebot überschaue, wenn ich es durchschaue, bin ich ihm gegenüber mündig. Ein nüchtern alphabetischer Katalog der Angebote versetzt mich so wenig in die Lage, dies zu tun, wie eine illustrierte Vorschau aus der Werbeabteilung der *sponsors*. Es wird also die Gewohnheit herrschen oder der Druck auf die Umschalttaste: Man springt von Programm zu Programm, bis man an einem Bild hängen bleibt – zufällig und nicht mündig. Oder die nicht weniger einfache Feststellung: Soviel Geist und Kreativität haben wir gar nicht, um 30 mal 24 Stunden am Tag mit ihnen zu füllen – wohlgemerkt, mit Geist und nicht mit weiteren Abbildern dessen, was uns in der Welt umgibt. Die Hersteller werden einen Teil ihrer Schlauheit darauf verwenden, ihre Schwächen zu tarnen. Ich werde erst nach 20 Minuten merken, daß der Film ein *remake* ist oder nur umbenannt oder gar falsch benannt. Wir wissen von mitteilsamen Experten, wie sorgfältig die Wirkungen in der Fernsehküche kalkuliert werden, beispielsweise das berühmte »Signal/Geräusch-Verhältnis« – das Schärfe/Unschärfe-Verhältnis von Bild und Hintergrund, mit dem unsere Aufmerksamkeit unmerklich gelenkt wird (Mander, S. 331). Und schließlich: Die Vermehrung schafft Teilöffentlichkeiten in einer Gesellschaft, in der wir schon jetzt nur mit Mühe die republikanische Gemeinsamkeit aufbringen.

Ist Vielfalt ein Gut an sich? Ist sie nicht nur die Korrektur der Eintönigkeit? Wird sie gerecht verteilt? Wir werden ein Gefälle von teuren zu billigen Programmen haben, von Stadt zu Land, von U zu E. Wie lange werden wir dann die berechtigten Vorwürfe aushalten, bevor wir doch wieder eine Gleichverteilung vornehmen, flächendeckend und durch staatlichen Eingriff?

Neben ›Dezentralisierung‹ ist von ›Regionalisierung‹ die Rede. Auch sie ist nur so lange begehrenswert, wie man sie nicht hat. Wenn ich mein Fernsehgerät anstelle, dann möchte ich, bitte, eine Inszenierung von Peter Stein oder ein Gespräch mit Walter Dirks sehen und nicht die liebenswürdige Laienaufführung der örtlichen GEW-Mitglieder oder eine *talk-show* unter meinen Kollegen von der örtlichen Volkshochschule.

Als wünschenswert wird das Breitbandsystem vor allem immer wieder wegen der dadurch möglichen Dialogisierung hingestellt. Gesellschaftlich-politisch sei sie wichtig, weil sie eine Gegendarstellung erlaube. Eine solche will nicht nur gesendet, sie will auch gehört werden. Ich muß meine Phantasie diesmal nicht sehr anstrengen, um mir vorzustellen, daß ich bei der zweiten Gegendarstellung das Gerät abschalte, wissend, daß nun noch zwölf weitere folgen werden.

All dies provoziert die Frage: Wer schützt das Publikum vor den Folgen solcher wohlmeinenden Maßnahmen, vor der abgründigen Banalisierung und Provinzialisierung – oder dem Snobismus? Ich höre die Antwort: Das muß jeder selbst tun – indem er seine Wahl trifft.

Es gibt noch eine andere Antwort: Da muß die Pädagogik her – den Menschen befähigen, mit den Medien fertigzuwerden, ihn aufgeklärt, kritisch, unabhängig machen, ihm andere Erfahrungen erschließen...

III.
Welche Aufgaben und welche Chancen hat die Pädagogik angesichts der Neuen Medien?

Eine Aufforderung zum Handeln

Nehmen wir an, wir Pädagogen hätten uns von beidem überzeugt: vom Nutzen *und* von der Gefahr der Neuen Medien, wir hätten uns nicht in den unversöhnlichen Gegensatz treiben lassen: Die Neuen Medien seien notwendig und unvermeidlich *oder* überflüssig, dem Menschen unbekömmlich und darum unter allen Umständen abzuwehren. Was können und was müssen wir tun?

Anders als vor dreieinhalb Jahrzehnten, als es in der Bundesrepublik um die Errichtung unserer Demokratie und also um die Unterstützung dieses Prozesses durch eine politische Bildung ging; anders als bei den gesellschaftlichen Aufgaben Friedenssicherung und Umweltschutz; anders auch als bei der Bewältigung der sozialen Probleme durch soziale Reform oder bei der Hilfe für die Dritte Welt – wo die Pädagogik überall damit rechnen konnte, die jungen Menschen für ihre Aufgaben und ihre Absichten zu gewinnen, sie zu Bundesgenossen in der Sache zu machen, ihnen von sich aus nützliche Neugier, Kenntnisse und Einstellungen mitzugeben – kann sie hier nicht hoffen, *mit* den Schülern und *mit* der Gesellschaft zu arbeiten, sie muß darauf gefaßt sein, daß sie sie beide *gegen* sich hat. Ja, sie ist in ein kaum lösbares Dilemma geraten: Leistet sie der sich vollziehenden, um das Aufwachsen der Kinder unbekümmerten Mediatisierung Widerstand, isoliert sie sich und kündigt ihren bisherigen gesellschaftlichen Auftrag, auf das Leben vorzubereiten. Läßt sie sich auf die Mediatisierung ein, betreibt sie ihren eigenen Abbau, eine Ent-*Schulung* der Gesellschaft jedenfalls, denn längst haben die Medien der Schule wichtige Aufgaben und Wirkungen genommen. Sie haben sie der Bewahranstalt noch einmal beträchtlich näher gebracht.

Die meisten der im voraufgehenden Kapitel angedeuteten Probleme, die die Computertechnik und die Vermehrung von Telekommunikation mit sich bringen, müssen politisch und gesellschaftlich angegangen werden: der Arbeitsplatzverlust, die Zunahme unerfüllter Freizeit, der Kampf um die Stellung der Nation auf dem internationalen Markt, die Big-Brother-Probleme und die Wahrung einer pluralistischen öffentlichen Meinung, die Folgen des neuen »radikalen Monopols« der Telematik (im Sinne von Ivan Illich) und die Folgen der radikalen und einheitlichen Techno-Struktur. (Das meint: Die Normvorstellung, die das Arbeitssystem vom Menschen als *human operating unit* hat, setzt sich in das soziale System fort; der Mensch unterwirft sich dem bis in seine Privatsphäre hinein ganz ohne das politische System von »1984«; und auf dem Rücken dieses Prozesses werden die ›misfits‹, der Ausschuß, Untaugliche und Unwillige hervorgebracht! Nowotny, 1982, S. 6, 22, 23)

Natürlich ist es möglich, einen Teil der Jugendlichen zu Computer- und Bildschirmstürmern zu machen. Aber die Mehrheit wendet sich schon jetzt den neuen Techniken zu, erobert sie sich, eilt den Erwachsenen, vor allem den Lehrern und der antiquierten Schule, davon, deren Gegenstand und Verfahren noch nie bei allen gegriffen haben.

Herausforderungen an die Pädagogen

Damit bin ich bei einer zweiten Kategorie von Problemen, die die Aufgabe der Schule und der Pädagogik unmittelbar betreffen: Das umfassendste unter ihnen ist das, was Jerry Mander die »Enteignung der Erfahrung« nennt – eine Ausdehnung der Entfremdungstheorie von den Produktionsverhältnissen, der Technik und der Wissenschaft auf einen Bestandteil des Lebens, der ihr seinem Begriff nach widersteht. Wir sehen nun deutlich: *nur* seinem Begriff nach! Zwar waren uns auch früher die Natur, die Geschichte, die Völker in anderen Teilen der Erde zumeist nur durch Abbildungen, gedruckte Texte, Berichte aus zweiter und dritter Hand bekannt, aber diese gaben ihren Abbildcharakter offen zu. Man blieb selber in der beschränkten, wahren, erfahrenen Welt, von der sie ein eigentümlicher Teil waren. Das Fernsehen hingegen gibt uns das Gefühl, da, hinter der Mattscheibe, laufe ständig die eigentliche Welt ab; hier, in der Wohnstube, im Büro, am Fließband, *erführen* wir ohne diesen Apparat nichts davon; hier sind wir eingeschlossen und ausgeschlossen zugleich. Das Fernsehen stellt nur eine Verschärfung eines in der technischen und wissenschaftlichen Zivilisation überhaupt waltenden Entfremdungszustands dar.

Die Schule ist selber Teil dieser Zivilisation, ein Entfremdungs-Institut: Welche Lebens- und Entfaltungsmöglichkeiten außer den rationalen kann sie mit ihren Mitteln ernstlich fördern? Wären ihr andere Erkenntnis-, Erlebnis-, Mitteilungsweisen als die wissenschaftlichen und funktionalen wichtig – müßte sie nicht schon ganz anders aussehen, anders gebaut und ausgestattet sein?! Könnte ihr das jetzt bewußt werden, da die Computer und Bildschirme ihr die objektivierbaren, planbaren, berechenbaren, materialisierbaren Tätigkeiten abzunehmen im Begriff sind?

Was Jerry Mander gefühlig und mit dem Eifer des Renegaten von Pflanzen und Indianern gelernt zu haben behauptet: die Möglichkeit ganzheitlicher Erfahrung und kollektiver Weisheit, hätte ihn nicht so bewegt, wenn er nicht Jahre seines Lebens mit der Herstellung von künstlicher, berechneter, zweckhaft eingeschränkter Erfahrung zugebracht hätte, bis er sich eines Tages erschrocken abwandte.

Die Schule betrifft auch die durch die Neuen Medien bewirkte, ja erzwungene Passivität ihrer Konsumenten. Die

Zuschauer-Mentalität hat man dies treffend genannt. Diese wird auch bleiben, wenn es den Rückkanal gibt – er braucht mich ja nicht und meint nicht mich! »Das Zeug langweilt mich, und doch bin ich davon gebannt, es interessiert mich nicht, und doch sehe ich es bis zu Ende an« – so ungefähr läßt Jerry Mander (S. 259) einen seiner Freunde reden und nennt das die »hypnotisierende Wirkung« des Fernsehens. Aber das ist keine Erklärung. Ich denke, das Fernsehen tut dies: Es erlaubt mir, untätig zu sein, indem es mir ununterbrochen mitteilt, was es zeige, sei wichtig, und also sei es auch wichtig, daß ich dasitze und zusehe. Langweile hebt, wie wir wissen, diese Behauptung nicht auf.

Die Verwischung der Grenzen zwischen dem Lebensmodus der Arbeit und dem der Freizeit hat unmittelbar mit der Bemühung der Schule um eine Vorbereitung auf die letztere zu tun. Ich halte nicht viel davon, aber es dauert mich, wenn ich sehe, welchem Widerspruch ihre guten Absichten verfallen: Die Freizeitwelt, die wir für unsere private halten, wird zunehmend von den gleichen Mitteln bestimmt, die die gesellschaftliche Arbeit bestimmen, ja, der Arbeitsplaz kann mit Hilfe dieser Mittel dorthin vordringen, und der Bürger wird sich obendrein einbilden, individueller über diesen zu verfügen. Die Sozialwissenschaftler sagen eine beträchtliche Zunahme von nervlicher und psychischer Anspannung an den intensiv genutzten und ihr eigenes Tempo setzenden Bildschirmen voraus – und fragen sich, ob das Heim, die Wohnung, die Familie dies dann noch auffangen kann, wenn der Computerterminal dort steht. (Von dem »Stress« ganz abgesehen, den die zu erwartende Notwendigkeit erzeugen wird, fortwährend weiterzulernen, wenn man seinen Job behalten will! Nowotny, S. 10.) Gibt es eine neue Familien-Pädagogik, die hier der um die Vorbereitung auf ›das Leben in der Gesellschaft‹ bemühten Schule zu Hilfe kommt? – Ich kenne sie nicht.

Eine Erziehung zu alternativen Lebensformen, zu Selbsthilfe und Subsistenzwirtschaft fruchtet hier nicht, weil schon jetzt sichtbar ist, in welchem Maß die neuen technischen Systeme jene Bewegungen unterstützen und also unterwandern: Do-it-yourself ist eben dadurch ein blühender Industriezweig, und die Verkabelung könnte geradezu von den antizentralistischen Subkulturen erfunden sein!

Da ist sodann das Szenario, das Jerry Mander in seinem Buch entwirft (S. 31) – vom Präsidenten, der morgens um 4 Uhr der ganzen Nation den Notstand verkündet und plausibel macht. Er kann dies tun, weil man beschlossen hat, ihm für diesen Fall das Recht und die technischen Möglichkeiten zu geben, die Geräte der Bürger von sich aus anzustellen. Dazu muß es in unseren Demokratien nicht kommen; es genügt, wenn sich der Regierungschef abends um 19 Uhr in das laufende Programm einschaltet, wenn die Nation ohnedies am Fernsehschirm sitzt. Wie bereitet man die Menschen auf den kleinen, den täglichen Ernstfall vor, der darin besteht, daß eine Vorstellung, wenn sie in -zig Millionen Menschen gleichzeitig eintritt, eine machtvolle Wirklichkeit ist?

Da ist schließlich das Gewaltproblem. Jerry Mander mag übertreiben, aber die Statistik unterstützt seine These nicht schlecht, daß das Fernsehen – auf Wirkung und deren Steigerung hin angelegt – sich erfolgreicher mit Tod, Zerstörung, Katastrophe, Perversion befaßt als mit Normalem, mit alltäglicher Freundlichkeit, mit den Geduld eher als Heldenmut fordernden Problemen. Die Wirkung auf den menschlichen Charakter wird um so größer sein, je mehr das Fernsehen die ursprüngliche Erfahrung ersetzt.

Der »Inhalt«, den die »Mittel« transportieren, und die private, aber massenhaft gleiche Form seines Konsums verlangen eine umständlichere Behandlung, als ich sie hier geben kann. Daß er zum Thema »Verschwinden der Wirklichkeit« gehört, ist offenbar: als deren Ursache wie als deren

Folge. Welche Abenteuer, welche Bewährung, welche Geselligkeit, welche Politik folgen uns in unser Cubiculum auf der 12. Etage im Schlafsilo der Vorstadt? Was die Person in ihrer Welt nicht bekommt, das holt sich das Auge vom Bildschirm – und die Seele von der Netzhaut. Mir ist, als ob sich immer mehr junge Liebespaare so verhalten, wie sie es im Fernsehen erlebt haben. Was es bedeutet, wenn Porno-Filme zur Vorlage für den Vollzug der Liebe werden, darüber kann sich jeder zunächst seine eigenen Gedanken machen. Mag sein, daß uns das Videogerät mit dem entsprechenden Angebot von Heim-Sexualität die hartnäckige christlich-bürgerliche Prüderie austreibt und das entkrampfte Zeitalter beschert, das die Aufklärung uns bisher umsonst verheißen hat. *Ich* vermute, es wird der Glücksfähigkeit der Menschen schlecht bekommen – es wird sie unempfindlich machen oder auf eine heimtückische, schwer zu bekämpfende Weise unersättlich. Und was die Lust an der Gewalt angeht – da wagt wohl keiner zu sagen, sie werde am Brutalo-Western harm- und folgenlos gestillt.

Was werden wir hier tun? Man müsse die Jugendschutzgesetze verschärfen, heißt es alsbald. Aber das Jugendschutzgesetz erstreckt sich nur auf die Kontrolle der öffentlichen Abläufe: Ausstellung, Verkauf, Aufführung. In die Privatsphäre, die Wohnung, den Bereich der Familie greift es prinzipiell nicht ein. Video jedoch ist ein nichtöffentliches Gerät. Der Ruf wäre auch glaubhafter, käme er nicht vor allem von denen, die das Monopol der öffentlich-rechtlichen Anstalten angreifen, die den Erwachsenen endlich eine freie Wahl auf einem freien Markt der Unterhaltung versprechen. Aber so aufgeklärt ist die moderne Gesellschaft nicht, daß die Erwachsenen sich um ihrer Kinder willen Vergnügungen versagten, die sie sich endlich leisten können – billig und ohne Einbuße ihres Ansehens. Die Statistik des Verkaufs von Videogeräten und Videofilmen wäre jetzt schon aufschlußreich genug. Italiens privates Fernsehen demonstriert jedem, der das Land besucht, *ad oculus* und ohne weitere Erhebung: Die Masse hat sich für das Gemeine entschieden; die Sender mit Anspruch und Anstand gehen zugrunde; die öffentlichen Aufgaben jedenfalls dieses Mediums werden immer spärlicher wahrgenommen. Bei uns würde das Problem durch Pädagogik verschärft: durch das Bemühen der Eltern, ihre Kinder vor dem zu bewahren, was sie sich selber zuziehen. Schon ist allenthalben ein gereizter, lächerlicher, nur zu verlierender Kampf um den Schlüssel zum Apparat entbrannt.

Das *hidden curriculum* des Fernsehens ist oft beschrieben worden und unseren Lehrern bekannt: Die in Zehn-Sekunden-Einstellungen zerstückelte, an- und abschaltbare, vereinfachte, gleichgeschaltete (Gott, Goldener Schuß und Gorillas in einem Format), ausschnitthafte, aus einer Perspektive gesehene, permanent ohne mich ablaufende Welt, in der ich offenkundig nichts auszurichten habe – das muß den prägen, der dies täglich mehrere Stunden lang erfährt. Die Lehrer kennen die Folgen: die der Konzentration unfähigen, heftig auf jeden Reiz ›ausschlagenden‹, hypernervösen Kinder. Sie haben gelernt, mit diesen Kinder umzugehen – aber überhaupt nicht mit den Ursachen.

Überforderte Spezialisten

Die Antwort wird von der *Medienpädagogik* erwartet, die sich auf neuen Lehrstühlen einrichtet, Ausbildungsgänge entwirft, Institute und Gesellschaften gründet. Ich bekenne, fast alles, was in ihrem Namen geschieht, macht mich mutlos, ja elend. Wie völlig inkommensurabel zum Gewicht und der Tragweite der Probleme ist, was sie weiß, kann und sagt! Ich sehe falsche Geschäftigkeit, falsche Hoffnungen, falschen Trost, falsche Standhaftigkeit als Kehrseite falscher Kapitulation:

Falsche Geschäftigkeit nenne ich es, wenn in der Bundesrepublik Deutschland eine Landesregierung nach der anderen ihr Bekenntnis zur Medienpädagogik ablegt. Der Kultusminister von Rheinland-Pfalz verkündet, das Thema der neuen Technologien werde im Schuljahr 1984/85 in allen berufsbildenden Schulen und an den Gymnasien »aufgearbeitet« (in den Haupt- und Realschulen im Schuljahr 1985/86 wieder »aufgenommen« – ein absichtsvoller feiner Unterschied?). Praxiserfahrene Fachlehrer würden in den nächsten Monaten »Curriculare Elemente für den Informatik-Unterricht ausarbeiten«; den Schulen sollen Hilfen an die Hand gegeben werden – Unterrichtsmodelle, Handreichungen, methodische Hinweise und Medienhinweise –, die es dem Lehrer ermöglichen, Schritt für Schritt »Informatik zum Unterrichtsprinzip« zu machen (FAZ, 17. 3. 84). Mit Informatik mag man sich auskennen und darum so umgehen – aber mit den Folgen der Medien für die Gesellschaft und den einzelnen? »Aufarbeiten« ist auch anderswo die Lieblingsvokabel und offenbart, was dahintersteht: ein guter Wille und unklare Vorstellungen von den genannten Tätigkeiten.

Falsche Hoffnungen nenne ich es, wenn sich ein bekannter Mediendidaktiker von dem Sammelsurium des »Medienensembles« eine sammelnde Wirkung verspricht: Es werde als »eine Art Baustelle für die eigene Identitätsarbeit benutzt«. Weil es keine zusammenhängenden Bilder der Wirklichkeit bietet, werden die Kinder heilsam »gezwungen (bzw. haben auch die Chance), die Synthesen in ihrem Kopf und in ihrem Tun selbst herzustellen« (Hengst, 1983, S. 9).

Derselbe Pädagoge meint, »verglichen mit der Signalvielfalt, der Informationsflut, der Zerstückelung und Parzellierung des *Alltagslebens*... leistet die Medienwelt durchaus auch Orientierungshilfen...«. Die wiederkehrenden Rituale, das gleichbleibende Personal, die Erkennungsmusik, die identischen Dramaturgien garantierten Sicherheit und gäben das Gefühl, »sich auszukennen« (S. 10). Diese Hoffnung ist nicht deshalb falsch, weil nicht eintritt, was hier erwartet wird, sondern weil sie so peinlich bescheiden ist!

Eine falsche Hoffnung setzt er auch in die Individualisierung des Mediengebrauchs (z. B. durch den Video-Recorder), die er fälschlich mit der Individualisierung der Erfahrung, der personalen Entwicklung gleichsetzt.

Der Amerikaner John Naisbitt begeht den gleichen Fehler hinsichtlich der durch den Computer ermöglichten individuellen Gestaltung der Arbeitszeit-, Gehalts- und Versorgungsregelung durch große Firmen. Die Arbeitnehmer begännen zu verstehen, »wie befreiend« der Computer sei, der ihnen solche Angebote mache. Er macht sie ihnen durch einen standardisierten Ausdruck. Die Verwechslung von »individuell« und »persönlich« wird uns hieran schmerzlich bewußt.

Falschen Trost nenne ich es, wenn Naisbitt behauptet, High Tech ziehe High Touch nach sich – ein hohes Kontaktbedürfnis. Er verbindet die Vermehrung der technischen Apparatur mit einer Vermehrung des »human potential«; dieses entsteht gleichsam als natürliches Komplement zur Telematik:

Seit Angestellte am Textverarbeitungsgerät sitzen, schreiben sie Mitteilungen wieder von Hand und abends wieder mehr persönliche Briefe. ... An amerikanischen Schulen wird nicht nur programmiert, sondern neuerdings auch mehr gebetet.

Was soll man nun davon denken! Ich übe ›Ausgewogenheit‹, wenn ich folgende Sicht/Absicht daneben stelle:

Eltern können die elektronischen Medien auf vielfältige Weise für erzieherische Aufgaben nutzen. So sind z. B. für Vorschulkinder verschiedene Arten bildlicher Anregung förderlich, und das traditionelle Bilderbuch kann sinnvoll vom Monitor ergänzt werden. Dies hat den Vorteil, daß die ›vertonten‹ Bilder nicht zusätzlich von den Eltern erklärt werden müssen und es ihnen eine zeitliche Entlastung bringt. (Schorb, 1983, zitiert nach Rolff, 1984)

Die Hoffnung des einen hebt den Trost des anderen auf. Aber beide setzen sich für die Neuen Medien ein – und so werden wir sie auch bekommen.

Heinz Hengst tröstet sich anders: Die Medienwahrnehmung sei ohnedies »flüchtig«, und so müsse man ihr keine große Bedeutung beimessen (S. 8). Das Kind, dem wir nur zu lernen und zu spielen und nicht einmal uns, sondern nur dem Bildschirm zuzuschauen erlauben, nehme vorweg, was unser eigenes Schicksal sein werde – folgerichtig, denn Kindheit ist selber durch die massenhafte Freisetzung der kleinen und schwachen Mitglieder der Gesellschaft von der Lohnarbeit zustande gekommen.

Falsche Standhaftigkeit (falsch insofern, als sie die Kehrseite einer Kapitulation ist) nenne ich die von Klaus Haefner vorgenommene Trennung von Bildung und Qualifikation – weil er meint, die letztere sei ohnedies an das Beschäftigungsystem selbst übergegangen: dieses könne seine »Bedürfnisse an Informationsverarbeitung« (wieder so ein verräterisches Wort!) zunehmend technisch lösen. Bildung könne daraufhin »autonom« werden, sich der Ausbildung des »humanen Menschen« für eine »menschlich-soziale Welt« widmen. Der Computer hat die Schule überrundet. Und Ende 1990 werden wir den Sprechschreiber haben! Rechnen und Schreiben fangen an, überflüssig zu werden:

Wenn der Vater eine Steuererklärung abgibt, so schreibt er keinen Aufsatz, sondern füllt ein ›computergerechtes‹ Formblatt aus (Haefner, 1982, S. 22).

Ich, der ich wie Klaus Haefner vom wirksamen Schreiben lebe, würde mich genieren, so zu argumentieren.

Aber ich kann einsehen, daß wir anders bilden und ausbilden müssen, wenn die einst komplizierte Reparatur einer Zündanlage heute im anspruchslosen Auswechseln eines Micro-Chips besteht. Ich kann auch einsehen, daß wir keine Bildungsziele aufstellen und verfolgen sollten, bei denen der Mensch zum »unterlegenen Konkurrenten der Maschine« wird. Ich kann schließlich sehr gut einsehen, daß Familien, die sich einen Heimcomputer leisten und zentrale Datenbanken nützen können, ihren Kindern ungleich bessere Chancen geben als andere, denen dies nicht offensteht. Aber Haefners Folgerungen bleiben mir unverständlich: Wir sollten in der Schule die rechte Gehirnhälfte ausbilden (wo die Emotionalität sitzt) und die linke (mit der Rationalität) den Computern überlassen. Die Schule habe einerseits die Basistechnik der Computer zu einer Selbstverständlichkeit zu machen – wie das Alphabet und die Zahlen. Sie habe andererseits einen »seelisch stabilen Menschen« (S. 25) zu erziehen:

> Der Mensch in seiner Ganzheit muß durch ein flexibles, adaptives, interaktives Bildungssystem hingeführt werden dazu, in der Welt konkret ›richtig‹ zu handeln, sein Einkommen ›richtig‹ zu nutzen, seine Berufswahl ›richtig‹ zu treffen, seine Wohnung ›richtig‹ zu planen, sich politisch ›richtig‹ zu verhalten. Was da ›richtig‹ ist – im Sinne übergeordneter Ziele – muß das Bildungswesen zu vermitteln suchen (S. 26).

Hier berührt sich Haefner mit den Autoren des dritten Berichts an den Club of Rome. Mir scheint dies die schlechteste Verbindung von humanistischem Idealismus und Computer-Pragmatismus zu sein, Ausdruck jener ›microworld‹-Mentalität, die wir oben analysiert haben. Es ist schlechterdings nicht zu erkennen, wie die auf Sozialhygiene und Wertvermittlung beschränkte, von der Technik und der sie anleitenden instrumentellen – ›mediatisierten‹ und ›materialisierten‹ – Rationalität getrennte Bildung in dieser Welt irgend etwas für oder gegen die Computer, die Telematik und ihre Folgen sollte ausrichten können.

Was bleibt zu tun?

Als Pädagogen sollten wir uns bemühen, besser zu verstehen, was geschieht, sollten uns Kenntnisse aneignen, wie sie die Forschungen beispielsweise von Hertha Sturm und anderen Empirikern bieten – oft einfache Einsichten, die es ernst zu nehmen gilt: Kognitives vergeht (wenn Kinder einen Fernsehfilm sehen), Emotionales bleibt (Sturm, 1979); wenn Kinder mit Müttern über die gemeinsam gesehene Sendung sprechen, lernen und behalten sie mehr (Hans-Bredow-Institut, 1975); Kinder ahmen/spielen das Gesehene nach, um es zu bewältigen, dem muß man stattgeben, ja, man muß es fördern und formen (Mander, S. 81).

Informatikunterricht ist ein wichtiges Mittel zur Entmythisierung und Entmystifizierung der Computer. Er ist freilich zunächst vor allem für die Lehrer nützlich, damit sie wissen, was das ist und womit ihre unternehmendsten Schüler schon umgehen, und wie banal die Prozesse und wie groß die Effekte sind.

Auch ohne genau zu wissen, was das ist, und ohne sich einem Curriculum zu verschreiben, sollten Lehrer sich in der Medienkritik versuchen. Medienkritik heißt nicht: den Film schlechtmachen. Die Mehrzahl der Filme verdient dies nicht, und wir, die Kritiker, machen uns und unsere Sache unglaubwürdig damit. (Dies ist die Schwäche des Buchs von Jerry Mander, daß er am ›TV‹ kein gutes Haar läßt, obwohl doch auch er sich oft genug davon beeindruckt zeigt und ein prinzipieller Unterschied zwischen dem Kinofilm und dem

Fernsehfilm als Kunstwerk und Darstellungsereignis nicht auszumachen ist.) Im übrigen könnte Jerry Manders Analyse des Indianerfilms (S. 279ff.) als Prototyp einer eindringenden und ergiebigen Analyse dienen. Seine Liste von Gegenständen, die fernsehgerecht sind oder schwer im Fernsehen wiederzugeben (S. 274–279) ist ein nicht minder guter Einstieg in diese Belehrung.

Da die Medien noch immer außerhalb der Schule mehr genutzt werden als in ihr, will ich ein Beispiel dafür geben, was eine Familie, in diesem Fall ein Heim, tun kann. Das Landerziehungsheim Schondorf hat am 9. März 1984 den Eltern mit einer verständigen Begründung mitgeteilt, daß es – übrigens mit den Stimmen der Schülervertretung – die folgenden Regelungen beschlossen habe:

1. Der schon in zwei Kursen laufende Informatik-Unterricht wird durch die Anschaffung weiterer Geräte verstärkt. Für den Unterricht steht ein Raum im Laborbau zur Verfügung.
2. Von den Schülern dürfen keine Heimcomputer mitgebracht werden.
3. Telespiele sind im Heimgebiet verboten.
4. Fernseh-Empfangsgeräte und Fernseh-Monitoren sowie Video-Recorder auf den Schülerzimmern sind verboten.
5. Die Vorführung von Videofilm-Cassetten ist nur der dafür zuständigen Gruppe bei offiziellen Filmabenden gestattet.

Das nenne ich Mut zur Erziehung. Ob ich ihn selber hätte – als Familienvater oder Heimleiter (beides bin ich nicht) – und ob ich zu den gleichen Maßnahmen käme (man muß schließlich durchhalten!), weiß ich nicht. Das tut hier nichts zur Sache.

Es gibt schließlich Fernsehfilme, eigens für pädagogische Zwecke gemacht, die als Gegenmittel gegen die Computerwelt eingesetzt werden können, ich denke an die Sendung »Anderland« vom Zweiten Deutschen Fernsehen (Hermann, von Keyserlingk, Kneipp, 1982).

Als *politische Bürger* sollten wir versuchen, die Entwicklungen, die wir nicht aufhalten können, doch abzufedern. Vieles wird uns da zu Hilfe kommen: der falsche Überschwang, mit dem die Verkabelung eingeleitet worden ist, und die Enttäuschung, die sich schon breitmacht, und nicht zuletzt die veranschlagte Dauer für die Voll-Verkabelung: 20 bis 30 Jahre! In der Zeit, aber vor allem jetzt, sollten wir auf dem Nachweis bestehen, daß etwas nicht nur möglich, sondern auch wünschenswert, nicht nur hinnehmbar, sondern auch unschädlich ist. Dieser wird den Politikern, Technikern und Wirtschaftlern nicht so leicht gelingen wie die Berechnungen der Kosten und die Drohung mit der wirtschaftlichen Provinzialisierung unseres Landes. Wir müssen unsererseits die Gefahren schildern – undramatisch, nüchtern, mit dem moralischen Gewicht, das ihnen zukommt. Wir müssen ertragen, daß man uns als Schwarzseher bezeichnet. Wir müssen es umgekehrt den Politikern schwermachen zu ertragen, wenn sie kapitulieren. Im Januar 1982 konnte ein prominentes Mitglied der SPD angesichts der kommenden Telematikflut die Bürger, seine Wähler, auffordern, sich gegen eine Gesellschaft zu wehren, die »wir nicht wollen. Noch haben wir eine Chance zur Umkehr – nutzen wir sie« (Björn Engholm, 1982). Zwei Jahre später glaubt seine Partei, sie verloren zu haben. Ich denke, daran tragen wir Bürger die Hauptschuld!

Und Jerry Mander berichtet am Ende seines Buches, wie die Menschen auf seine Argumente reagieren:

– Wollen Sie denn wirklich die Abschaffung des Fernsehens vorschlagen?

– Ja, denn es ist eine schädliche Technik, an der nichts zu retten ist. Ohne Fernsehen waren wir alle besser dran.

– Da kann ich Ihnen nur recht geben, aber Sie werden doch nicht im Ernst glauben, daß Sie damit durchkommen?!

Jerry Mander teilt nicht mit, was er darauf antwortet. *Ich* kann »im Ernst nicht glauben«, daß ich die Entwicklung zur vollen Mediatisierung unserer Gesellschaft aufhalte. Ich kann nicht glauben, daß irgendeiner dies tut. Die Hoffnung, es möchte uns ein Argument einfallen, das die Politiker, die Produzenten und ihre Abnehmer überzeugt, daß die Computer und die Verkabelung der Bildschirmwelt unnötig, schädlich, naturwidrig sei, ist unsinnig. Es gibt zuviel Gegenargumente, die sich an den unter ihrer Anleitung geschaffenen Gegentatsachen weiter nähren. Aber die Hoffnung, daß wir den Folgen besser gewachsen sind, wenn wir sie gründlich prüfen und redlich darstellen, wenn wir die neuen Medien nicht als das neue Heil verkaufen, ist sinnvoll. Zeit gewinnen und sich gegen die Gefahren rüsten, das scheint mir geboten und möglich. Die Zeit müssen die Politiker für uns gewinnen. Auf die Gefahren müssen die Wissenschaften vorbereiten. Ein geordnetes mutiges Nachdenken über die Möglichkeiten der Schule in dieser Frage könnte zu einer Veränderung ihrer Aufgabe führen: Ihr kompensatorisches (entgegenhaltendes) Geschäft könnte wichtiger und wirksamer werden als das vorbereitende.

Dieser Wandel kann nicht aus der Pädagogik allein kommen. Dazu muß ihr die Öffentlichkeit verhelfen.

Meine Überzeugung, daß die Entwicklung falsch läuft, ist hiervon nicht berührt, – falsch, solange wir sie so wenig beherrschen, wie wir es offensichtlich tun.

IV.
Je mehr wir wissen,
um so mehr müssen wir denken

Ein Beispiel: die Enzyklopädie im Zeitalter des Computers

Ich nähere mich diesem Thema, das abstrakte Analyse, Theorie, gar Bildungstheorie befürchten läßt, mit einer persönlichen Erinnerung: Vor über 30 Jahren war ich Lehrer an einem von Georg Picht geleiteten Landerziehungsheim, also einem Gymnasium, das Bildung (durch Unterricht) mit Erziehung (durch Zusammenleben) verbindet. Es war mein erster Posten als Lehrer. Ich unterrichtete Griechisch und Latein. Zugleich war ich der »Hauserwachsene« für etwa ein Dutzend Jungen von 14 Jahren.

Unterricht war vormittags wie an anderen Schulen auch. Von 17 bis 19 Uhr war Arbeitsstunde; hier wurden Hausaufgaben unter Aufsicht gemacht. – War das »Bildung«?

In den anderen Stunden streifte man durch das Gelände, probte im Chor oder an einem Theaterstück, redete mit Freunden (zu denen auch Lehrer zählten), schrieb, las, übte sein Musikinstrument, spielte Hockey, arbeitete im Garten, stritt sich oder liebte sich, gammelte oder machte Ordnung. – War das »Erziehung«?

Ich, der ich Pädagogik nicht studiert hatte und also die Theorien nicht kannte, die darauf antworten, hätte wohl an dieser Einteilung nichts auszusetzen gehabt; so sahen es auch die anderen Lehrer; so verstanden es die Eltern, die ihre Kinder hierher brachten. Wenn die Zensuren eines Buben in Deutsch oder Mathematik schlecht zu werden drohten, mußte er entweder seine Hockey-Leidenschaft drosseln oder seinen Klarinetten-Unterricht abbrechen oder eine der Bildungsarbeit nicht bekömmliche Freundschaft aufgeben und vor allem das Geländespiel am Sonntag auslassen. Daß diese Dinge auch die »Bildung« berührten, kam ihnen nicht in den Sinn.

Rückblickend auf die eigene Kindheit und Jugend, rückblickend auf diese ersten Jahre in einer pädagogischen Gemeinschaft und, diesmal bewußt, von mir inzwischen bekannten Theorien absehend, bin ich geneigt, Bildung und Erziehung ganz anders zu verteilen – nicht nach Absichten, Zeiten, Gegenständen und Tätigkeiten, sondern nach Wirkungen. Drei Viertel von dem, was der Bildung zugedacht war, wirkte nicht »bildend«. Drei Viertel von dem, was auch noch geschah, hat uns gebildet – hat das, was der bildende Unterricht als mehr oder weniger totes Gestein anlieferte, geordnet, zu einem Gebäude/Gebilde zusammengesetzt und mit Sinn versehen. Und an dem Gebilde bauen wir – wir alle – unser ganzes Leben lang. Das s. v. v. sich bildende Gebilde sind wir selbst.

Sind also Erziehung und Bildung identisch – bis auf den Modus? Das eine widerfährt uns von anderen, das andere tun wir selbst; das eine beginnt das Ganze, das das andere *ist*; beide unterscheiden sich von Bildungsgütern und Bildungswissen, die man zu einem Zweck *hat*? *Hier* Erziehung-und-Bildung – die bewußte und gewollte Veränderung des Menschen, eine Bereicherung der Person, ein Befreiungs-, Ordnungs-, Aneignungsvorgang; *dort* ein nützliches Instrument »zur Lösung von«, ein notwendiges Vehikel der Verständigung in der Kultur, ein geschätzter Besitz, ein Maß der gesellschaftlichen Anerkennung?

Der Anlaß für mich, hiervon zu reden und so zu fragen, steckt in meinem Thema, dessen zweite Hälfte, die Apodosis, ich hier erweitere: »Je mehr wir wissen, um so mehr müssen wir denken, entscheiden, verantworten und also *sein.*« Teilt man, wie ich es eben getan habe, die mit dem Wort »Bildung« bezeichneten Phänomene ein in einen Prozeß der Aufhellung, Sinngebung, Formung einerseits und in nützliche Mittel der Verständigung und Information andererseits, dann fällt die Enzyklopädie wie von allein den letzteren zu. Heute jedenfalls sinnt man ihr eine andere Funktion gar nicht mehr an; man hat sich mit ihrer Utilität nicht nur abgefunden, sondern gut befreundet. Aber die Gebildeten und vollends diejenigen unter ihnen, die darüber nachdenken, was es heißt »gebildet« zu sein, verachten den »Enzyklopädismus«, handhaben das Wort »enzyklopädische Bildung« wie ein Fossil, weisen nach, daß man sie nicht mehr *haben* könne und darum *nur wollen* könne, wenn man ein Halbgebildeter ist. »Die Enzyklopädie im Zeitalter des Computers« – ist dieses Thema nicht eine wunderbare Gelegenheit, über die fortschreitende Materialisierung des Geistes zu klagen, einer längst vergangenen und verlorenen Möglichkeit unfassender Weltkenntnis den digitalen Todesstoß zu versetzen, das zwittrige Wort Bildung endgültig auf die eine oder die andere Seite zu ziehen: Bildung gehe folgerichtig im Formalen auf, seit man das materiale Wissen dem Computer auftragen könne, der die Idee der Enzyklopädie verwirkliche; *oder*: Bildung könne nun endlich die bisher nie beherrschte Wissens-Materie vollständig durchdringen, ordnen, über sie verfügen, vermöge doch der Computer, was dem Menschen nur unvollkommen gelinge: »vernetzt zu denken«!

Angesichts ihres elektronischen Konkurrenten will ich die Aufgabe der Enzyklopädie in unserer Zeit prüfen, nicht freilich, wie dies ein sozialwissenschaftliches Institut täte, sondern als einer, der von Berufs wegen täglich jungen Menschen hilft, sich Vorstellungen von der Welt zu bilden und diese zu ordnen – und der selber bewußt aus der Geschichte unseres Geistes denkt, aber in der Gegenwart.

Ich muß – und will – darum mit der »allgemeinen Bildung« beginnen, die mit ihrer Enthaltsamkeit gegenüber aller Spezialisierung, mit ihrem historischen Fächerkanon, mit der Allseitigkeit ihrer Bemühungen – um Geist, Seele,

Körper; um Naturwissenschaften, Geisteswissenschaften, Sozialwissenschaften; um Geschichte und Gegenwart; um Heimat und Welt; um Sprache und Sprachen; um Künste und Mathematik – so etwas wie Nachhut und Nachhall des enzyklopädischen Anspruchs ist. Erfüllbar freilich ist er mit ihren Mitteln schon lange nicht mehr. Die 15 bis 18 Fächer des Gymnasiums, die Form, in der sie nebeneinander im Wochenstundenplan unterrichtet wurden und werden, das von Spezialisten ausgewählte, vorgetragene, abgefragte Pensum (so das ehrliche, aber unverstandene Wort für diesen Vorgang!), die Ausmessung und Verrechnung der erbrachten Leistungen – dies alles hat der so erworbenen Bildung die Kennzeichnung »enzyklopädisch« eingetragen und diesem Wort wiederum die Bedeutung nicht-wirklich-angeeignet, von-allem-etwas, wesenlos, strukturlos und unaufrichtig. Leonidas und Hannibal, Faust und König Lear, Hebelgesetz und Linnésches System, deutsche Kaiser und Französische Revolution, Satz des Pythagoras und Grammatik, Mona Lisa und Müllerin-Lieder – das sind Erkennungsmittel der »Gebildeten«, aber »Bildung« und gar schon universale, *all-round,* das heißt sowohl die Person allseitig entfaltende wie die Kultur allseitig repräsentierende Bildung sind sie nicht. Im »Kranz« der Fächer fehlen beispielsweise die Jurisprudenz und die Medizin, die Nationalökonomie und die technischen Wissenschaften, die Astronomie und die Ethik, die alle in der großen Encyclopédie noch eigene, oft mehrbändige Abteilungen einnahmen, von modernen, unsere Welt bestimmenden Disziplinen wie Tiefenpsychologie oder Soziologie oder Informatik ganz abgesehen. Der Kreis ist eine historisch bedingte Selbsttäuschung.

Am Birklehof, dem eingangs erwähnten Landerziehungsheim, das Georg Picht leitete, schlug dieser darum der Konferenz einen ganz anderen Lehrplan für die Oberstufe vor. Dieser entsagte auch dem letzten enzyklopädischen Anspruch für die Bildung des einzelnen. Seine Grundidee war: Allgemeine Bildung kann heute nur eine Gemeinschaftsleistung sein. Damit war nicht gemeint: auch die Bildung – wie die Wissenschaft – sei in Zukunft arbeitsteilig. Vielmehr: jede Bildung eines jeden Menschen entsteht in einem Umgang mit Menschen einer anderen, nie identischen Bildung im Horizont der gemeinsamen Kultur. Was die Verständigung unter ihnen ermöglicht und erfordert, ist das Gemeinsame und Allgemeine daran. Diese Theorie sagte nicht mehr und nicht weniger, als daß alle Versuche, einen verbindlichen Kanon von Gegenständen als Maß der allgemeinen Bildung aufzustellen, nicht nur vergeblich, sondern für die Idee der Bildung selbst schädlich sein müssen: dann werde sie (a) belanglos, (b) der erschlossenen Welt nicht mehr gerecht und (c) untauglich zur Verantwortung der Kultur. Bildender Unterricht muß so organisiert sein, daß er diese Erfahrung ermöglicht. In dem Gutachten »Zur Situation und Aufgabe der deutschen Erwachsenenbildung« (Folge 4 der Gutachten des Deutschen Ausschusses für das Erziehungs- und Bildungswesen), dessen Text wesentlich von Georg Picht formuliert ist, heißt es:

»Obwohl Bildung der Bücher bedarf und nicht ohne Anstrengung des Denkens entsteht, beruht sie doch wesentlich auf den unvertauschbaren eigenen Erfahrungen, die der einzelne auf allen Stufen seines Lebens macht . . .

Andererseits ist Bildung die Fähigkeit, zu hören und die Fähigkeit mitzusprechen: Teilnahme an einem gemeinsamen Bewußtsein. Gebildet ist man nicht für sich allein, sondern nur in einer ›Republik der Geister‹, als Mitmensch, der an der gemeinsamen Existenz und ihrem Bewußtsein teilhat. Die Erkenntnis der Lückenhaftigkeit der eigenen Bildung gehört zu ihrem Wesen.« (S. 22)

Der Gedanke war so geistvoll wie unpraktisch. Unpraktisch, sage ich. Die Nöte der Neugestalteten Gymnasialen Oberstufe, die auf ihn und verwandte Konzepte der 50er Jahre zurückgeht, beweisen nicht, daß er *falsch* war; sie zeigen nur, wie zäh Gewohnheiten, wie machtvoll die sogenannten Verhältnisse und wie unphilosophisch die Normalmenschen sind. Diese kehren darum immer wieder zu den Enzyklopädien zurück – den Stoff-Enzyklopädien wie den Methoden-Enzyklopädien.

Am Birklehof gab es am Dienstag abend in Georg Pichts Wohnung ein Philosophisches Colloquium. Dort bin ich zum erstenmal Ciceros *»cultura animi«* (Tuskulanische Gespräche II, 5) begegnet und der Möglichkeit, diese mit »Bildung« zu übersetzen: Bearbeitung und Verfeinerung unseres Bewußtseins. Der lateinische Terminus gab dem deutschen Wort Bildung/bilden seine ursprüngliche Kraft zurück, aber auch die eigentümliche Unfaßbarkeit, die ihn für die damalige Situation – ich meine die Anstrengungen um eine Erneuerung unseres Bildungssystems im zweiten Jahrzehnt nach dem Zusammenbruch – unbrauchbar machte.

Kurz darauf lasen wir in demselben Colloquium Platons *Politeia.* Ich wurde durch Picht auf etwas aufmerksam gemacht, was ich bisher immer überlesen hatte: wie das Siebente Buch und mit ihm das Höhlengleichnis beginnt: »Und nun mach' dir an folgendem Begebnis ein Bild davon, wie es um Bildung und Unbildung unserer Natur bestellt ist«, Μετὰ ταῦτα δή . . . ἀπείκασον τοιούτῳ πάθει τὴν ἡμετέραν φύσιν παιδείας τε πέρι καὶ ἀπαδευσίας (514a). Mit anderen Worten: Das Höhlengleichnis ist ein Gleichnis unserer Verwandlung durch *paideia.* Diese – die wir mit dem Wort »Bildung« übersetzen – wird im Gleichnis als eine »Umwendung der ganzen Seele zur Wahrheit« dargestellt, als eine περισγωγὴ ὅλης τῆς ψυχῆς (εἰς ἀλήθειαν) (518c–d) –, das radikalste Gegenbild zur sowohl traditionellen wie zur sophistischen Vorstellung von Bildung und weit entfernt auch von Georg Pichts eigenem Oberstufen-Konzept. Dieser hat zwar die Platonische *paideia* nicht beiseite getan und schon gar nicht relativiert (das kann man nicht, ohne sie zu verkehren), aber er hat sie zu einem Bestandteil eines allgemeinen pragmatischen Orientierungssystems gemacht. Gebildet werde (!), heißt es in dem zitierten Gutachen des Deutschen Ausschusses, »jeder, der in ständiger Bemühung lebt, sich selbst, die Gesellschaft und die Welt zu verstehen und diesem Verständnis gemäß zu handeln.« (S. 20).

Vor 15 Jahren schließlich hat Georg Picht in Mannheim einen Festvortrag aus Anlaß des Erscheinens des ersten Bandes von Meyers Enzyklopädischem Lexikon gehalten und darin die gewohnte, folgenreiche, auf Quintilian zurückgehende Vorstellung destruiert: *enkyklios paideia* heiße die runde, allseitige Bildung, von der vorhin die Rede war. »Enkyklios« aber heißt, so belehrte uns damals Georg Picht, »im Kreislauf der Dinge wiederkehrend« und, seit dem 4. Jahrhundert, »alltäglich«, »üblich«, nämlich nicht abgehoben, nicht aristokratisch, nicht hermetisch. *Paideia* wird in dieser Zeit bürgerlich, von bestimmtem kanonisiertem und schwer zugänglichem Wissen unabhängig, frei und befreiend: durch die Beherrschung der Mittel. Dies ist die demokratische und aufklärerische Lehre der Sophisten, die Emanzipation von der Herrschaft esoterischer Künste verspricht. Jeder kann alles lernen, keiner muß alles wissen. Noch heute ist dies die Position der allgemeinbildenden Schule: Bildung ist formal; um sie zu erreichen, bedient man sich bestimmter gemeinsamer Gegenstände, über die zu verfügen auch aus anderen Gründen nützlich ist.

Ich habe meine Erinnerungen an Georg Picht bemüht, um mein Feld zu ordnen:

- Von Enzyklopädie sprechen bedeutet nicht nur, von einem Buch sprechen, das so heißt, sondern auch und vor allem von einer Idee, die in diesem Namen steckt.
- Die Idee war, wie das Wort sagt, die einer freien und allgemeinen, allgemein zugänglichen Bildung.
- Frei und allgemein war sie durch ihren formalen Charakter.
- Man lernt sie jedoch an dafür bewährten gemeinsamen Gegenständen.
- Diese Gemeinsamkeit verwechselt man dann mit der eigentlich gemeinten Allgemeinheit und unterlegt ihr eine falsche Erklärung von *enkyklios paideia.*
- Die gemeinsamen Gegenstände werden verbindlich, aus Freiheit wird Bindung.
- Eine substantielle Allgemeinbildung (mit einem Kanon von Gegenständen) gelingt nicht nur praktisch nicht, sie ist auch theoretisch nicht mehr schlüssig zu begründen.
- Eine radikale platonische Kritik an den sophistischen Künsten macht auch diese pädagogisch unglaubwürdig.
- Die dialektische Figur von einer Aufklärung, die an der eigenen Kurzschlüssigkeit scheitert, und von der Tradition, die die revolutionäre Formalisierung unterwandert, kehrt in der Geschichte wieder – im 5. Jh. v. Chr., im 18. Jh., in der Gegenwart.
- Von beiden – den Sophisten wie den Traditionalisten – gleichermaßen geschmäht, lebt der Enzyklopädismus fort.

Was tun wir mit solcher Erkenntnis – beispielsweise wenn wir die Didacta besuchen oder wenn wir erfahren, daß das Bibliographische Institut einen neuen Brockhaus herauszubringen beginnt, der 1992 vollständig vorliegen soll: Verdecken und vertuschen wir – ohnmächtig und schlechten Gewissens – das Versagen der beiden großen Bildungsideale, der *formalen,* auf der Entwicklung von geistigen Fähigkeiten beruhenden Bildung, der *materialen,* auf dem Wert von Erkenntnisgütern beruhenden Bildung? Oder geben wir – bewußt und guten Gewissens – der Erfahrung statt, daß Enzyklopädien uns den Enzyklopädismus ersparen helfen, bekennen uns also offen und optimistisch zu einer Entwicklung, die uns heute den neuen, vielleicht letzten Brockhaus beschert, bevor die Speicherung und Verteilung des Wissens durch Computer, Kabel und Bildschirm übernommen werden?

Beunruhigt von dieser Frage, beunruhigt auch von der Möglichkeit, sie könne falsch, überflüssig, dem Verständnis der Enzyklopädien von sich selbst unangemessen sein, habe ich diese aufgesucht. Welche Ansprüche stellen sie an sich selbst? Welche Erwartungen wecken und nähren sie bei ihren Benutzern? Welche Gemeinsamkeiten zeigen sie? Welche Entwicklung haben sie durchgemacht?

Ich beginne bei der großen *Encyclopédie* von Diderot und D'Alembert. Ein Vormittag zunehmend aufgeregten Blätterns, Suchens, Lesens hat mir eine geheime Vermutung bestätigt, die ich vorher gar nicht auszusprechen gewagt hätte: Daß Enzyklopädismus – d. i. die verstiegene Idee, *alles* Wissen der Menschheit sei zusammenzufassen, zugänglich zu machen und gleich zu behandeln, also nicht durch ein Deutungsmuster zu bewerten –, daß dieser Enzyklopädismus gar nicht zur Idee der Enzyklopädie gehört. Diejenige jedenfalls, die den Gebildeten bei diesem Namen als erste einfällt, die *Encyclopédie méthodique ou dictionnaire raisonné des sciences, des arts et des métiers,* erarbeitet durch eine *société de gens de lettres* (von 1751–1780) widerlegt die Unterstellung eines platten Enzyklopädismus. Sie war die größte und vielleicht letzte Anstrengung ihrer Art, das überwältigende Wissen seinerseits *geistig* zu bewältigen, sich nicht mit seiner technischen Organisierung zu begnügen – und dies, obwohl die ausgesprochenen Materialisten unter ihren Autoren überwogen. *»Ce mot* [scil. ENCYCLOPEDIE] *signifie enchainement des sciences«* (Das Wort Enzyklopädie bedeutet Fesselung der Wissenschaften), so dekretiert Diderot (s. v. ENCYCLOPEDIE) – unbekümmert um die Tradition des Begriffs. Daß die Herausgeber dieses Werkes auch Vollständigkeit erstrebten, daß sie in der Planung und Ordnung des *mundus intelligibilis* eine Generalstabsarbeit höchsten Ranges vollbrachten, daß sie an die großen Wissenssammlungen des Mittelalters und des 16. Jahrhunderts anknüpften, kann den unvoreingenommenen Leser nicht hindern, das Auffälligste auch zuerst zu sehen und zu bewundern: daß es den Enzyklopädisten zuallermeist um die Verständlichkeit der Welt ging. Verständlichkeit aber beruht auf Zusammenhang. Weil ihnen gelungen ist, diesen Zusammenhang in der Idee der Aufklärung und das heißt, in vernünftiger Begründung *(dictionnaire raisonné!)* zu geben, hat man ihn als selbstverständlich hingenommen, hat man nicht erkannt, daß es sich um ein durch und durch *philo*sophisches und nicht *pan*sophisches Werk handelt. Die Enzyklopädisten hießen in ihrer Zeit nicht umsonst »les philosophes« schlechthin.

Indem wir uns heute diesem vor wenig über 200 Jahren vollendeten Versuch zuwenden, könnten wir vielleicht Mut bekommen, diese Anstrengung zu erneuern und die falschen, nicht zur Idee der Enzyklopädie gehörigen Merkmale fortzulassen, Dinge zumal, die wir heute dem Computer übertragen können. Der mag sich der Vollständigkeit annehmen und, indem er die technische Bewältigung des Wissens leistet, uns helfen zu erkennen, was eine rationale Bewältigung des Wißbaren heißt. Die Fülle der Information ist ja da und wächst und wächst. Ein System, das auf Arbeitsteilung in der Sache und in der Zeit beruht, das ökonomisch nur funktioniert, wenn das schon vorhandene Wissen genutzt wird, kann den Computer nicht entbehren. Die Aufgaben der Bildung aber können mit ihm nicht nur nicht gelöst werden, sie werden schwieriger. Die Bildung muß bei anderen Mitteln Zuflucht suchen.

Ich möchte nun meine Begegnung mit den Enzyklopädien, voran der Encyclopédie, schildern. Daß es sich um ein Erkenntnissystem und nicht bloß ein Nachschlagwerk handelt, sieht man schon an seiner Gliederung. Die Bände sind nicht durchnumeriert, die Gegenstände sind nicht in alphabetischer Ordnung von A bis Z auf die Bände verteilt. Das Werk hat vielmehr zahlreiche ungleich große Abteilungen: Jurisprudenz, Medizin, Landwirtschaft, Handel, die schönen Künste, Astronomie, Grammatik und Literatur – worunter auch Sprache, Sprachen, Sprachwissenschaft, also alles das fällt, was wir der Philologie zuordnen, und somit auch die Schulbildung – etc. Innerhalb der einzelnen Abteilungen herrscht dann die alphabetische Ordnung und sind Sach- und Worterklärungen gemischt, was den uns gewohnten Eindruck eines Universallexikons zunächst bestätigt. Aber Allgemeinsprachliches findet sich in der mehrbändigen juristischen Abteilung nicht, sondern nur Fachtermini und besondere jursistische Redensarten. Aus verschiedenen Einleitungen einzelner Bände (*den* Ersten Band des Gesamtwerkes gibt es nur in der Form des zuerst erschienenen Bandes) entnimmt man, daß die Encyclopédie méthodique vor allem der Belehrung (enseignement) dienen will und darum den Nutzen der Wissenschaften, der Geschichte, der schönen Künste und der Berufe herausstellt. Zur Nützlichkeit der Belehrung aber gehört die Vernünftigkeit, der – mit Kant gesprochen – gesellschaftliche Verstandesgebrauch, in all diesen menschlichen Tätigkeiten. In dem Artikel ENCYCLOPEDIE (er steht in der Abteilung »Philosophie«) werden einer solchen die folgenden Zwecke zugeschrieben:

». . . die über die Welt verstreuten Kenntnisse zu sammeln; das ihnen zugrunde liegende System den Zeitgenossen darzulegen und den nachkommenden Generationen zu überliefern, damit die Bemühungen der verflossenen Jahrhunderte nicht ungenutzt verlorengehen, damit unsere Enkel besser unterrichtet und demzufolge auch tugendhafter und glücklicher sein möchten, und damit wir selbst nicht dahingehen, ohne uns um die Menschheit verdient gemacht zu haben.«

Und in der Einleitung zum Band Grammaire et Littérature heißt es:

»L'Encyclopédie méthodique pose les principes, elle établit les lois et les règles, elle donne les éléments et le developpement des connaissances humaines; et dans sa marche didactique, elle procède avec la gravité qui convient à l'importance de sa doctrine et de ses préceptes.«

»Die methodische Enzyklopädie stellt die Prinzipien auf, legt die Gesetze und Regeln dar und liefert die Bestandteile und die Entwicklung der menschlichen Kenntnisse; und in ihrem belehrenden Fortgang schreitet sie mit dem Ernst daher, der der Bedeutung ihrer Lehre und ihrer Vorsätze entspricht.«

Die Enzyklopädie ist – zu meiner Überraschung und wohl zur Überraschung eines jeden, der an den Brockhaus und den Meyer gewöhnt ist – ein durch und durch pädagogisches Werk.

Der nach Lebensgebieten mehr als nach Disziplinen gegliederten Encyclopédie méthodique steht eine Encyclopédiana zur Seite, die das gesamte übrige Opus noch einmal kürzer, nun statt zur Belerhung zur Ergötzung zusammenfaßt: als deren notwendige und angenehme Ergänzung (dont elle fait partie aussi nécessaire qu'agréable). Und schließlich gibt es 11 Bände mit über 3000 »Planches«, Abbildungen von außerordentlicher Anschaulichkeit. Nichts war den Autoren zu gering, um hier aufgenommen und festgehalten zu werden – sofern es Teil der Bemühung des Menschen um rationale Beherrschung der Natur ist: Flaschenzüge und Webstühle, Bergwerke und Feuerpumpen, die Organe des Menschen und die Bahnen der Sterne, Pflanzen und Gesteine. Die Planches und die Encyclopédiana machen deutlicher als irgendein anderer Teil der Encyclopédie, daß die Autoren von einem vorhandenen, nur noch nicht in allen Teilen aufgedeckten Zusammenhang der Erscheinungen, Begebenheiten, Gedanken, Wörter ausgingen und daß die in diesen gespiegelte Welt dem Menschen faßbar und endlich ist. Es ist nicht die Schuld der Enzyklopädisten, daß wir das Abenteuer der Aufklärung hinter uns zu haben meinen, daß Aufklärung selber keine politischen Folgen mehr hat, daß wir mit Wissen übersättigt sind, unsere Erfahrungsmöglichkeiten dagegen verarmen. Es ist umgekehrt falsch, ihre Ordnung der Welt deshalb für mechanisch zu halten: es war eine aktive, notwendige philosophische Ordnungstat – und eine politische zudem. Das Werk, schreibt Egon Friedell, hatte einen geheimen Hauptzweck:

»... Es war nichts Geringeres als ein riesiges Arsenal aller subversiven Ideen, die im Laufe der letzten Generationen ans Licht getreten waren. Hierbei verfolgten die Verfasser eine sehr geschickte und listige Taktik. In Artikeln, hinter denen man Anstößiges wittern konnte, wie ›Seele‹, ›Willensfreiheit‹, ›Unsterblichkeit‹, ›Christentum‹, trugen sie die rechtgläubigen Lehren vor, während sie an ganz anderen Stellen, wo niemand solche Auseinandersetzungen vermutete, die entgegengesetzten Prinzipien mit einer Fülle von Argumenten entwickelten und zugleich durch versteckte Hinweise, die aber der eingeweihte Leser sehr bald verstehen lernte, die Verbindung herstellten.« (Kulturgeschichte der Neuzeit, S. 661)

Eine auch nur ähnlich spannende Rolle ist einem heutigen Lexikon natürlich versagt.

Auf meiner ersten Suche nach dem Stichwort ENCYCLOPEDIE geriet ich zunächst an den Band Grammaire et Littérature, in dem ja auch das Stichwort EDUCATION abgehandelt wird. Zwischen ENCLITIQUE und ENDEMIQUE, wo ENCYCLOPEDIE hätte stehen sollen, stand sie nicht. Ich griff zur Encyclopédiana und verweilte beim ersten Blatt: Ein Motto von Horaz »iucunda et idonea dicere vitae«, »die angenehmen und nützlichen Dinge des Lebens sagen«. Es folgte eine Erläuterung der Absicht und Anlage der Encyclopédiana; sie werde enthalten: weniger bekannte und erstaunliche Regungen des Geistes (de moins connu ou de plus curieux parmi les saillies de l'esprit), glanzvolle Leistungen der Phantasie, die kleinen Geschichten in der großen Geschichte der Welt wie der einzelnen Völker, ungewöhnliche Bräuche, zeitbedingte und persönliche Züge bedeutender Menschen, Anstoß und Wirkung starker großzügiger Seelen, Akte der Tugend, die Anschläge des Lasters, die Verwirrungen der Leidenschaften, die wichtigsten Gedanken der Philosophen, kluge Entgegnungen darauf, Anekdoten, Sentenzen, Redensarten und schließlich die Eigenarten der Wissenschaften, der Künste, der Literatur. Und dann endlich eine Anspielung auf die *enkyklios paideia*: »Die Encyclopédiana wird den Kreis der Kenntnisse schließen (fermera le cercle des connaissances), indem sie sich all dessen annimmt, was die Autoren der Encyclopédie méthodique aufgrund ihres Planes haben übergehen müssen.«

Auch in diesem Band kein Stichwort ENCYCLOPEDIE. Vor der Stelle, an der es stehen müßte, findet sich EMULATION, danach ENFANT GATE; also lese ich, was über diese gesagt wird:

»EMULATION, plus innocente que l'envie, plus sage que l'ambition, l'émulation est toujours un bien . . .«

»WETTEIFER, argloser als der Neid, klüger als der Ehrgeiz, ist der Wetteifer stets ein Gut...

In seiner Jugend hatte Themistokles nichts als Wein und Ausschweifungen im Sinn. Als aber Miltiades seinen berühmten Sieg bei Marathon errungen hatte..., spürte Themistokles eine heftige Regung, es ihm gleichzutun, ihn womöglich zu übertreffen...«

Und dann wird die Geschichte dieser Bemühungen erzählt. In dem etwa zwei Spalten umfassenden Artikel folgen weitere Beispiele von Wetteifer auf anderen Gebieten und am Ende Verallgemeinerungen.

Unter ENFANT GATE / Verwöhntes Kind wird die Geschichte einer dame d'esprit, einer gebildeten Frau, erzählt, die fürchtete, ihr Sohn könne durch ihre Schuld erkranken – wodurch er ein Tyrann wurde.

»Eines Tages hört sie ihren Sohn unten im Hof weinen und sieht, daß ein Diener ihm etwas verweigert, was er offensichtlich verlangt hat. Sie eilt empört zu ihrem Gatten, der ihr gegenüber so schwach ist wie sie gegenüber ihrem Sohn, und bittet ihn, einzuschreiten. Er geht hinab, beschimpft den Diener als insolent und stellt ihn zur Rede. Er verteidigt sich: Madame möge doch selber ihrem Sohn geben, was dieser begehre. Der Sohn habe in eine Schüssel Wasser geblickt und den sich darin spiegelnden Mond gesehen. Den wolle er haben.«

Alle müssen lachen, und die Erziehung des Kindes wird umgestellt. Auch hier folgen andere Beispiele und schließlich eine Nutzanwendung.

Unsicher, ob ich Sie mit dem Zitieren dieser Stellen von der prinzipiell pädagogischen Anlage des Werkes überzeugen werde oder vielmehr nur von ihrem Unterhaltungswert, habe ich in der Encyclopédie méthodique einen Gegenstand aufgesucht, den jedes andere Handbuch durch Definition, systematische Begründung, historische Herleitung und Beschreibung der Institutionen darzustellen sich bemühte – EDUCATION.

EDUCATION / Erziehung und Bildung: Chosroes, König der Perser, hat einen Minister. Der bittet den König um Urlaub: er habe einen Sohn, und nur er selbst könne diesen so erziehen, daß er dereinst dem König gebührend diene. Der König gibt der Bitte statt unter der Bedingung, daß er auch seinen – des Königs – Sohn erziehe: seine Seele erhelle und festige. Der Minister nimmt beide Jungen mit sich fort vom Hof und dessen verderblichen Einflüssen. Nach sechs Jahren kehrt er zurück. Der König, die beiden jungen Männer beobachtend, bemerkt, daß sein eigener Sohn besser geraten ist als der des Ministers und sagt ihm dies in Verwunderung. Der Minister antwortet: Herr, ich habe beide in gleicher Weise erzogen, aber deinem Sohn konnte ich nicht vorenthalten, daß er dereinst von den Menschen gebraucht werde, während mein Sohn wußte, daß er die Menschen brauchen werde. (Freie und kürzende Wiedergabe)

Sie sehen, was ich meine, wenn ich sage: die Enzyklopädie ist ein Buch, das zum Lesen verführt – und doch in allem Ernst belehrt, hier z. B. über den Unterschied von Erziehung und Sozialisation. Welche Unmittelbarkeit zur Sache, welche Anschaulichkeit, welch' unbefangene Lust an der Wirkung! Mein eigener Artikel »Pädagogik« in Meyers Enzyklopädischem Lexikon von 1971 fängt da ganz anders an!

Auch heute gibt es Menschen, die in einem großen Konversationslexikon buchstäblich schmökern. Aber das ist dann meist nicht dessen Verdienst oder gar dessen Absicht. Es handelt sich um geistige Müßiggänger; sie haben eine nicht unbegreifliche Freude an dem lustigen Durcheinander, in dem Affekt auf Affe, Querulant auf Quersumme, Ringelnatz auf Ringelnatter folgt; sie werden von Bildern und Querverweisen weitergelockt; die Kürze der meisten Artikel läßt Angespanntheit nicht aufkommen. Aber eine Welt baut sich vor ihnen nicht auf. Im Hause des Philosophen Carl Friedrich von Weizsäcker, in dem man sich auf Sprachulk versteht, hörte ich einmal bei Tisch folgenden »Satz«: A – ATE, ATF – BLIS; BLIT – CHOC, CHOD –

DOL, DOM – EZ . . . Es handelte sich um die auf dem Rükken des Brockhaus angebrachten Anfangsbuchstaben des jeweils ersten und letzten Wortes der einzelnen Bände. So unsinnig wie diese Laute, so müssen sich die »Informationen« ausnehmen, wenn man ihnen nicht von sich aus eine Ordnung gibt. Das Alphabet reiht sie auf, es ordnet sie nicht.

Zurück zur Encyclopédie. Sie war nicht nur ein wahrhaftiges Lesebuch, das auf einer bestimmten literarischen Tradition fußte, sie war zugleich auch ein Forum, auf dem neue Theorien erprobt, eine Erkenntnisformel gewagt, eine Idee, eine Erfindung, ein Tatbestand zum erstenmal dargestellt, Kritik und Gegenkritik geübt wurden. Die Enzyklopädisten waren neugierig und machten neugierig. Worauf? auf alles – aber vor allem darauf, wie sich die Dinge in der Welt reimen. Das lohnt sich zu wissen. Wissen freilich mußte man damals noch suchen, nicht nur aufsuchen, und fand es oft genug nur unter persönlicher Gefahr. Es war nicht, wie heute, selbstverständlich »da« und gar »zuviel«.

Neben der Encyclopédie stand in der Fürstlich Hatzfeldtschen Bibliothek, in der mir dies alles widerfuhr, die achte Auflage des Brockhaus aus dem Jahre 1833. Sein Titel drückt den Wandel aus: Allgemeine Deutsche Realenzyklopädie für die Gebildeten Stände (Conversationslexikon) in zwölf Bänden, Leipzig / Brockhaus. Aus dem »öffentlichen Raisonnement« (Jürgen Mittelstraß, S. XIV) ist die »Conversation« in feineren Kreisen geworden und aus dem nach Wissens- und Lebensbereichen gegliederten System eine alphabetisch sortierte Realiensammlung. Was soll hier das Wort »Enzyklopädie« sagen (es kommt ja im Titel noch vor)? Und was bedeutet »Conversation«? Unter dem Stichwort ENZYKLOPÄDIE findet sich zunächst die von Picht als falsch entlarvte sprachliche und sachliche Herleitung:

»... bezeichnet ursprünglich den Inbegriff und Kreis derjenigen Kenntnisse und Fertigkeiten (die *artes liberales* der Römer), in welchen die Alte Welt die Bildung eines freien Mannes umschloß.«

Diese Figur habe man später vom Leben auf die Wissenschaften übertragen, und zwar schon im Hellenismus; Universalwissenschaftler hätten Universalenzyklopädien (sic!) verfaßt – Varro, Plinius, Stobäus, Suidas, Marcianus Capella; das Mittelalter habe diese Tradition forgesetzt in der Form von Historiae (Nachforschungen), Speculum (Spiegel), Satira (Potpourri), Summa (Summe), Orbis (Erdkreis), also in der Form von Abbildungen der Welt ohne wissenschaftliche Systematik, bis hin zu Bacons Novum Organum, dem man die Wendung von den Sachen zu den Erkenntnismitteln attestiert, und zu Diderots Encyclopédie, die man ahnungslos ein »Archiv« nennt. Man lobt deren »Korrektheit und Eleganz des Stils«, verbunden »mit Nachahmung der Natur und moralischen Zwecken« und schließt hier mit der Idee des Konversationslexikons an. Aber wie es in der Folge zur Preisgabe der Sachordnung zugunsten der durchgängigen Alphabetisierung gekommen ist, erklärt man nicht.

Die bürgerliche Gesellschaft verlor über dem Behagen, das sie bei der enzyklopädischen Verfügung empfand, das Motiv, das zu dieser geführt hatte. Es kennzeichnet das deutsche Universallexikon, daß es Vollständigkeit und Verläßlichkeit über alles schätzt und daß der Brockhaus von 1901 im Artikel ENZYKLOPÄDIE, nach zweieinhalb Spalten Geschichte dieser Gattung von Lexikon, vier Spalten mit der Aufzählung von buchstäblich Hunderten von Nachfolgern der Encyclopédie füllt. Der ganze Kontext hat sich gewandelt. Das wird vor allem in dem Artikel KONVERSATION deutlich: »Umgang, also genauer Verbindung zwischen Personen, die sich gegenseitig aufsuchen, um das Vergnügen ihrer Gesellschaft zu genießen ...« In den sogenannten gebildeten Kreisen, in denen dieses möglich und üblich war, hatte das Wissen eine andere Funktion als noch ein halbes Jahrhundert zuvor. Ihnen wird in diesem Artikel versichert, der gute Ton lasse sich nicht lernen; die Erziehung der höheren Stände sorge aber für etwas, was ihm ähnlich sehe. Hilfreich für die gebildete Unterhaltung seien die »Conversationsstücke«. Gerne werde man hierin die Franzosen zum Vorbild nehmen, von denen nicht zu Unrecht ein alter Ausspruch sage: Les Français seulement savent converser et les autres nations savent que disserter et discuter.

Auch dies haben die gesellschaftlichen Entwicklungen weit hinter sich gelassen. Das moderne Universallexikon ist ein Instrument der heutigen Wissenschaftskultur, in der nicht mehr eine Minderheit, sondern die Mehrheit eine höhere Bildung erhält. Es erzieht nicht, es deutet nicht, es streitet nicht, es greift nicht vor, es verfolgt keine moralischen Zwecke. Obwohl fast jede Schule heute ihren Großen Brockhaus oder den Großen Meyer besitzt und benutzt, ist die Enzyklopädie aus ihrem pädagogischen Auftrag entlassen. Das heutige Universallexikon setzt Bildung voraus. Ich habe notiert, was ich in den letzten Monaten im Brockhaus oder Meyer nachgeschlagen habe (außer den für diesen Vortrag aufgesuchten Stichwörtern): ASYL, die symbolische Bedeutung von FEUER, die drei Wissensformen von Max SCHELER, St. VEITZ als Patron der Bettnässer, ANTISTHENES, die Einwohnerzahl der PHILIPPINEN. Die Sache, um die es jeweils ging, war mir bekannt; was ich brauchte und suchte, war eine zusätzliche Auskunft – eine Herleitung, ein Synonym, eine Beziehung, ein Datum. Das enzyklopädische Lexikon ist des kleinen Mannes, des Schülers, des Studenten, des Studienrats, des Abgeordneten, der Journalisten Ersatz für die Universalbibliothek.

Nicht nur sind Quiz, Examensarbeit und Kreuzworträtsel ohne Sachlexikon nicht zu bestehen, unsere hochentwikkelte, aufgeklärte, republikanische Kultur ist ohne den Brockhaus und den Meyer gar nicht zu denken: Sie stellen das Wissen der Zeit allen Menschen in der gleichen Weise zur Verfügung, von Sonderinteressen und Sonderperspektiven gereinigt, bewußt nüchtern, vielfach überprüft nicht nur durch Experten, sondern durch den Gebrauch, also durch die Öffentlichkeit selbst; sie haben eine dem Bedarf angemessene Beständigkeit (etwa 20 Jahre ist eine Auflage im Dienst und gültig – und das wiederum müssen die Verfasser der Artikel berücksichtigen); sie aktualisieren das Wissen, aber sie sind nicht aktuell; sie haben durch ihre Geschichte Autorität und dadurch Verantwortung und Unabhängigkeit. Fragt mich jemand nach Beispielen dafür, daß und wie auch wir noch eine *polis* sein können, ein Gemeinwesen, in dem die Bürger ihre öffentlichen Angelegenheiten selber regeln, fallen mir diese Treuhänder des zeitgenössischen Wissens als erste ein. Aber ein Organon der Wissenschaft und Bildung, eine Encyclopédie im vorhin verdeutlichten Sinn, eine Leitidee für die Menschheit: ›So baue deine Kultur in der Form klar gedachter, geordneter Einzelwissenschaften auf, die alle miteinander durch ihre Methode, die Idee der Aufklärung, die Verständlichkeit und Zugänglichkeit verbunden sind‹, können die Neuen »Enzyklopädien« nicht sein und wollen es seit langem auch nicht. Dies alles ist ebenso dahin wie die falsch oder richtig ausgelegte *enkyklios paideia*.

Und so läge es denn nahe, daß die Encyclopedia Britannica, Meyers Enzyklopädisches Lexikon, die Brockhaus Enzyklopädie (und viele andere, die sich so nennen) den Namen »Enzyklopädie« ablegen. Und schon gar alle die Lexika, die ausdrücklich nur einen Ausschnitt der Welt des Wißbaren wiedergeben und mit dem Wort Enzyklopädie lediglich bekunden, daß sie dies gründlich und umfassend tun, z. B. Pauly-Wissowas Realencyklopädie der klassischen Altertumswissenschaft oder die Enzyklopädie Erziehungswissenschaft. – Es gibt guten Ersatz für diesen Namen, man ist nicht auf so sonderbare Bezeichnungen wie »Allbuch« oder so blasse wie »Nachschlagewerk« angewiesen.

Ich will hierzu nachdrücklich sagen: *Dies* befürworte ich nicht! Ich kann nicht wollen, daß der Anspruch, den die Encyclopédie in die Welt gesetzt hat, just in dem Augenblick verschwindet, in dem man seine Erfüllung am meisten braucht. Ihn verschwinden zu machen, ist der Computer und das telematische System, mit dem dieser verbunden ist, geeignet. Jeder Mensch wird seinen Terminal haben, sagt man uns, und kann dann das Wissen, das er braucht, durch geeignete Bedienung der Tasten auf den Bildschirm holen. Das technische Ordnungsmittel tritt an die Stelle der formalen Bildung; den Stoff – bebildert, aktualisiert, allgemein zugänglich, so arrangiert, daß alles mit allem kombinierbar ist – liefert der Datenspeicher. Beruhigend fügt man hinzu: es werde, wenn Bedarf danach bestehe, immer auch Bücher geben. Das Wissen werde zwar gänzlich, aber nicht ausschließlich in dem magnetisierten Gallert untergebracht, den wir aus dem Zukunftsfilm »Rollerball« kennen und der dort alle Bibliotheken und Archive ersetzt hat. Der freie Markt mache es möglich: den elektronischen Brockhaus über BTX für die modernen, fixen Schaumenschen; den gedruckten Brockhaus für die altmodischen, besinnlichen Lese- und Schreibmenschen.

Man lasse sich nicht täuschen; man höre nicht auf, die Neben- und Nachwirkungen zu bedenken, bevor man sich dieser Vorstellung hingibt. Zwar wird niemand in diesem Raum den Computer aufhalten können, aber es ist für uns alle von größter Wichtigkeit, als was wir ihn bekommen: als Herrn oder als Knecht. Es ist wichtig zu wissen, wovor wir auf der Hut sein müssen – nicht in dem Apparat, sondern in uns selbst. Es ist wichtig, daß wir uns kein Heil erwarten, sondern daß wir uns auf Schwierigkeiten vorbereiten.

Die zu befürchtenden Folgen – neben den gewiß nicht gering zu achtenden positiven – habe ich anderswo geschildert. Hier will ich an drei Gefahren erinnern, die eng mit unserem Gegenstand verbunden sind.

Der Computer wird die Neigung der Menschen, aus dem Denken in das Wissen zu fliehen, gewaltig steigern. Das Denken muß ich aufbringen, muß ich prüfen, muß ich verantworten – Denken ist immer gefährlich und strittig. Das Wissen, zumal aus einer gewaltigen, womöglich internationalen, ständig weiter akkumulierenden Datenbank, kommt fertig daher, kann von mir nicht geprüft werden, muß von mir nicht verantwortet werden – Computerwissen verspricht immer Gewißheit und erzwingt Konsens. Das ist das eine. Man wird erwidern: Im Prinzip gelte das für den Brockhaus und das Wissenschaftssystem auch jetzt schon – mit dem Unterschied, daß diese nicht jedem zugänglich sind. Richtig! Darum ja auch meine bisher geübte Kritik. Ich plädiere darum für Gegengewichte – nützliche und angenehme – die uns die Gewohnheit des Selberdenkens, des selbständigen Wissenserwerbs, der zwar mühseligen, aber befriedigenden Wissensverarbeitung erhalten und lohnend machen. Daß ich im Brockhaus nachschlagen, den Band wählen, den Buchstaben suchen muß, daß ich mit dem Auge das Umfeld des Wortes miterfasse – Ökologie / Ökonomie / Ökumene; Dissens / Disput / Dissonanz; Denken / Denkmal / Denkschrift / Denksport / Denkzettel –, daß ich abschätzen kann, wie klein oder wie groß das eben erworbene Wissen gemessen am Ganzen ist, daß *ich* bestimme, wieviel ich davon lese – dies macht den hier geforderten

Unterschied. Die Verdoppelung des Wissens alle sechs Jahre muß uns als Problem bewußt sein. Die Mühelosigkeit der Akkumulation im Computer dagegen täuscht uns darüber und über die Folgen.

Das führt zum zweiten nachdenklich machenden Merkmal. Das Wissen wird auf den Schirm gebracht – das ist ein Akt. Ein Akt läuft in der Zeit ab. Wer bestimmt die Zeit – der Apparat, der Hersteller der Software, oder ich? Bestimme ich – »blättre« ich also vor und zurück, verweile ich, wo ich will, springe ich, wohin ich will –, ist auch der Bildschirm noch ein Buch, wenn auch ein unfaßbares, dessen Umfang, Anfang und Ende ich nicht gleichzeitig sehe, vielleicht überhaupt nicht abschätzen kann. Am heutigen BTX-Schirm ist das freilich in den meisten Fällen anders: Da läuft etwas ab nach eigenem Gesetz. Beim Buch ist alles gleichzeitig da, und mein Denken läuft; ich schreite am Inhalt entlang. Auf dem BTX-Schirm läuft der Inhalt ab, und ich stehe (oder sitze) und nehme auf, was und wie es kommt.

Es wird – drittens – viele Konkurrenten für die Befriedigung des gleichen Wunsches auf Information geben – sogar im gleichen Zentralcomputer. Das ist gut, aber verwirrend. Nicht jedermann wird ohne weiteres damit fertig. Es wird zudem Scheinkonkurrenz geben. Und das ist nicht gut, ist schlimmer als gar keine Konkurrenz: es wird das Kritikbedürfnis erst nähren, dann beschwichtigen und schließlich als überflüssig erscheinen lassen. Die Tatsache, daß alles über den gleichen Schirm kommt: meine Bankabrechnung, die FAZ, die Reiseberatung, der Informatik-Kurs, die Wahlanalyse, Theater- und Filmkritik (über 5000 Stichworte von 4000 Anbietern im gegenwärtigen ja noch in der Entwicklung begriffenen BTX-Angebot) und eines Tages auch noch ein Universallexikon, wird dessen Rolle in der Wahrnehmung der Benutzer gründlich verändern. Da dies alles bezahlt, also verkauft werden will, wird man dem Benutzer Ärger und Zumutung ersparen. Ist ein solches Verfahren bei den persönlichen und politischen Fragen, um die es letztlich gehen wird, ohne Abstrich von der Wahrheit möglich?

In den drei genannten Hinsichten verbindet und verbündet sich der Computer mit unseren Schwächen – unserem Sicherheitsbedürfnis, unserer Bequemlichkeit, unserer Eigenliebe. Und darum glaube ich nicht, daß wir ihn haben können, ohne Schaden zu nehmen. Denn, so lautete die Titelthese meines Essays: Je mehr wir wissen, um so mehr müssen wir denken, entscheiden, verantworten. Und weil die Probleme uns jetzt schon über den Kopf wachsen, suchen wir bei Expertensystemen (nicht einmal bei einzelnen Experten) Zuflucht – möglichst bei Apparaturen, denn die Menschen begehen ja Fehler. Die automatisierte Überprüfung unserer Gesundheit ist ein Beispiel hierfür.

Noch einmal: Der Computer kann sich auch mit unseren Stärken verbünden – mit Neugier, Veränderungsmut, Phantasie. Ob dies geschieht, hängt von der Einstellung ab, die wir zu ihm haben. Wenn wir vor der schieren Fülle des Wißbaren kapitulieren und *darum* den Computer zu ihrer Bewältigung einsetzen, haben wir schon verloren. Die Menschheit weiß in einem ernstzunehmenden Sinn des Wortes immer nur so viel, wie in den Köpfen der Menschen ist.

Ich beklage nicht, daß es zuviel Wissen gibt, sondern zuviel nicht angeeignetes, herrenlos und namenlos wirksames Wissen. Die in unserer Republik immer häufiger zu hörenden Sätze: »Darüber gibt es gesicherte Erkenntnisse . . .« oder »Nach dem neuesten Stand der Wissenschaft gilt . . .« oder »Spätestens seit . . . wissen wir . . « fangen an, unheimlich zu werden. Angesichts von möglichen Kernkraftunfällen, scheiternder *strategic arms' control,* internationalem

Terrorismus, Dollar-, Energie-, Arbeits-, Hochrüstungs-Krisen können wir in der Tat gar nicht genug wissen, aber Wissen muß es sein und nicht das Machtwort ungeprüfter, unverstandener, unverantworteter Daten.

Ein gedrucktes Universallexikon ist kein Bollwerk gegen solche Entwicklungen – auch nicht auf dem kleinen eigenen Gebiet der alltäglichen, bürgerlichen Wissensvergewisserung oder -ergänzung. Aber eine wahre Encyclopédie könnte aus dem Nach-Schlagen ein Nach-Denken machen helfen.

Der Meyer von 1971 hat einen ersten zaghaften Schritt zurück zu seinem Ursprung gemacht: Neben den lexikalischen Artikeln, die die »objektive Information« bieten, stehen in jedem Band etwa fünf Essays. Sie sollen ein »lebendiges Bild von den wissenschaftlichen und gesellschaftlichen Entwicklungen unserer Zeit« vermitteln. Aber wer nimmt sich einen der 25 schweren Bände vor, um darin – ohne Sachzusammenhang – etwas über Pädagogik, Parlamentarismus, Philosophie (und den rechten Gebrauch der Vernunft), Physik (und ihr Begründungsproblem) und Planwirtschaft zu lesen, nur weil alle mit einem »P« anfangen? Die 100 bis 150 Essays hat er doch lieber in einem handlichen Band beieinander.

Radikaler geht die Lexikothek des Bertelsmann Verlages vor: Sie teilt sich auf in ein normales Lexikon mit sogenanntem Basiswissen und Aufsätze in rund 500 Schwerpunktkapiteln. Man hat beispielsweise das Stichwort »Siebenjähriger Krieg« aufgeschlagen, ist von dort zu »Friedrich II. von Preußen« verwiesen worden und zieht nun, auf Anraten des Lexikons, den Aufsatz mit dem Titel »Politische Gegenpole: Wien und Berlin« hinzu. Dieser Aufsatz schneidet quer durch eine Fülle anderer Artikel: Bündnispolitik, Kaiserreich, preußischer Protestantismus und österreichischer Katholizismus, Schlesien, Polen, Europa, Gleichgewicht der Kräfte etc. Die Werbung des Verlags verkündet: Dies mache Schluß mit den Friedhöfen des Wissens. So werde aus Wissen wirklich Bildung. Was man heute – angesichts der Fülle des Wissens und seines schnellen Veraltens – brauche, seien erstens gute Quellen und zweitens eine Technik, diese zu erschließen. Bertelsmann bietet seine Lexikothek ausdrücklich als Unterrichtsmittel an.

Der Meyer von 1971 und diese Lexikothek hätten sich mit ihren neuen Versuchen beide auch auf Hegel berufen können, der 1830 schrieb:

»Als Enzyklopädie wird die Wissenschaft nicht in der ausführlichen Entwicklung ihrer Besonderung [Spezialisierung] dargestellt, sondern ist auf die Anfänge und die Grundbegriffe der besonderen Wissenschaft zu beschränken.« (Enzyklopädie der Philosophischen Wissenschaften im Grundriß, § 16)

Mit den jeweiligen Konzepten will ich hier nicht rechten. Ich will alle ermutigen, die einen mechanischen Enzyklopädismus zugunsten einer *Encyclopédie raisonné* verlassen. Den ersteren kann man dem Computer übertragen; der wird ihn in seiner Weise perfekt erfüllen und dadurch nützlich sein. Aber eben weil er mehr Wissen enthält und auswirft, als die einzelnen Menschen verarbeiten, prüfen, verantworten können, brauchen sie Hilfe für das letztere. Sage keiner, das gehe nicht! – James Krüss hat im Verlag des Bibliographischen Instituts, in dem auch der Meyer und der neue Brockhaus erscheinen, gezeigt, wie so etwas aussehen kann. Es ist eine wunderbar entschiedene Encyclopédie: Für Kinder und darum einfach und umpompös, aber auch bunt und verlockend; von *einem* Mann und also aus *einem* Guß; von einem lebendigen Geist und nicht einem Experten; darum ungeschützt – außer durch Stil und Logik; eine ganze Welt in 77 Artikeln; diese ironisch in alphabetische Reihenfolge gebracht; damit den Anspruch auf Ordnung durch den Autor aufhebend: Du, Leser, mache dir deine eigene; von aufklärerischer Absicht vibrierend; in farbiger, klarer, witziger Sprache und hintersinnig illustriert – kurz, ein Universallesebuch, das dem Denken Appetit macht und ihm interessantes Wissensfutter vorwirft; das im Bewältigen von Wissen einübt; das hilft, unser Wissen zu nutzen und zu genießen.

Ich erlaube mir, daraus zu zitieren:

»Ein Biologe in Braunschweig zeigte mir einmal eine trübe Brühe in einer flachen Glasschale und sagte: ›Das ist eine Bazillenkultur im Wohlstand, nämlich in einer Zuckerlösung. Darin entartet sie sehr bald.‹

Ein Mädchen, das mich besuchte und die Tomaten in meinem Garten sah, erklärte mir: ›Die Tomate ist eine Kulturpflanze. Sie wurde zuerst in Süd- und Mittelamerika gezüchtet.‹

Ein Schriftsteller, der hoch im Norden Norwegens lebt, sagte mir einmal, als wir über Geister sprachen: ›Im Kulturkreis um den Nordpol herum muß man einfach an Geister glauben.‹

Alle drei sprachen von Kultur; aber immer hatte das Wort einen etwas anderen Sinn.

Was ist das: Kultur? Das Wort gehört zum lateinischen Wort *cultura,* das ›Bearbeitung‹ oder ›Anbau‹ bedeutet. Aber schon bei denen, die Latein sprachen, bei den alten Römern, hatte das Wort einen Doppelsinn. Es meinte die Bebauung auf dem Acker, der Korn und andere Früchte trägt, aber auch schon eine Bebauung auf dem ›Acker des Geistes‹, der Früchte trägt in Sprache, Kunst und Wissenschaft . . .«

Der Artikel »Kultur«, der so beginnt, endet zwei Spalten weiter so:

»Kultur und Menschwerdung stehen miteinander in Wechselwirkung: Erst mit der Kultur wurde aus einem Tier ein Mensch. Erst mit dem Menschen gibt es Kultur auf der Erde. Leider zerstört der Mensch aber auch oft seine Kultur.

Ist eine Kultur berufsmäßig stark aufgegliedert in Handwerker, Beamte, Wissenschaftler und Soldaten, sprechen wir von einer

Hochkultur. Jeder, der diesen Lexikonartikel lesen und verstehen kann, ist Mitglied einer Hochkultur.« (Krüss, S. 78)

Ich füge hinzu: Wer alle 77 Artikel gelesen und verstanden hat, ist nicht nur Mitglied unserer Hochkultur, er weiß auch, wie wichtig, wie schwierig und wie befriedigend es ist, sie zu verstehen – und daß diese Bemühung »rundum« nötig und möglich ist.

Epilog

Die Gedanken der vorausgehenden Essays sind allgemeiner und grundlegender Art. Ob sie gültig sind, welche Wirkungen sie haben, wie weit sie tragen, hängt nicht von der Aktualität der Beispiele, nicht von der Verwendung der neuesten Literatur, nicht von der Berücksichtigung der letzten technischen Entwicklungen ab. Wenn man der fünften Computer-Generation Aufträge in gesprochener Sprache erteilen kann und die sechste ihrerseits mit »menschlicher Stimme« antworten wird, hält das die Zunahme der Ver-Mittlung/Mediatisierung unserer Welt, die Verdinglichung und Entfremdung der damit vollzogenen Erkenntnis- oder Steuerungs- oder Austauschvorgänge, die Macht der Systeme über den einzelnen nicht auf, sondern dissimuliert sie nur. Der Stand des Wettlaufs zwischen Satelliten- und Kabelfernsehen und die Formen ihrer Verbindung haben keinen Einfluß auf die Qualität der Programme, ändern nichts an dem Regiment der Einschaltquoten, entkräften nicht das Argument, daß mehr Angebote eine kunstvollere Auswahlstrategie verlangen. Und auch die Forschung, die die Wirkungen der Medien und das Verhalten der Empfänger oder Benutzer aufhellt, kann zwar dartun, was beispielsweise der Medien-Kritiker Postman alles nicht berücksichtigt habe: wie verschieden die einzelnen Menschen eine Fernsehsendung aufnehmen, wie verschieden ihrerseits die Sendungen sind, wieviel »zuschauerfreundlicher« diese werden könnten, wenn man den Erkenntnissen der Medienforscher folgte, aber aus ihr kann nicht hervorgehen, daß die für den Bildschirm gemachten und miteinander um die Aufmerksamkeit des Publikums wetteifernden »Wirklichkeiten« gut schmecken müssen, daß, weil Nachdenken dem Genuß schadet, es darum ausgeschaltet werden wird, daß die Grenzen zwischen Kinder-Vorstellungen und Erwachsenen-Vorstellungen, zwischen Spiel und Ernst, zwischen Handlung und ihrer Simulation durch die Telematik verwischt werden. Das *kann* aus ihr nicht hervorgehen, solange wir nicht einen festen gemeinsamen Maßstab für das Gute Leben haben.

Von diesem aber und von seinem Schatten, dem schlechten oder beschädigten oder gefährdeten Leben, handeln meine Texte. Die ersten drei sind vor drei Jahren entstanden und lagen in einer anderen Ausgabe unter dem gleichen Titel vor. Der vierte ergänzt sie gleichsam um eine geisteswissenschaftliche und kulturgeschichtliche Dimension. Denn natürlich ist der Computer nicht »vom Himmel gefallen«. Er folgt einem Weg, den sich der Geist seit Jahrtausenden hartnäckig bahnt; er erfüllt einen uralten – schon im ersten Text angedeuteten – Traumwunsch der Menschheit: das einmal erworbene Wissen vollständig, auf kleinem Raum, für jedermann zugänglich bewahren zu können. Aber auch hier haben die Wunschträumer sich den Preis nicht klargemacht – und die wachsamen Kritiker nicht die Möglichkeiten eines beschränkten, sinnvollen, weniger gefährlichen Gebrauchs eines solchen Mittels. Wenn man so will, bezeichnet der Computer ein neues Kapitel aus der »Dialektik der Aufklärung«. Auch das Gute Leben – das will ich damit sagen – ist nichts Absolutes, es soll sich in der Geschichte verwirklichen, es will in jeder Zeit gegenüber deren Schwächen und Chancen neu gedacht sein.

Mehr Computer und mehr Fernsehen, das mag unaufhaltbar sein, und vor allem: für viele Bereiche der technischen Zivilisation praktisch, ökonomisch, notwendig – die Lösung eines alten Problems. Das Gute Leben und die Gute Gesellschaft bedürfen freilich – nicht erst heute, sondern seit Hunderten von Jahren – etwas anderes dringender: Verständlichkeit und Gestaltbarkeit der Welt, Verantwortlichkeit und Selbständigkeit der Bürger, Gemeinsinn und Politik. Diese stehen nicht in einem Gegensatz zur Telematik, verlangen aber andere Grunderfahrungen, andere Übungen, andere Einstellungen, als sie das Leben und Lernen mit den Medien gewährt.

Die Systeme der Mittel haben den Menschen zu immer gewaltigeren technischen Leistungen befähigt, seine Befähigung zur Meisterung derselben jedoch nicht erhöht. Der Rüstungswahn, die Überwältigung der Ökologie durch die Ökonomie, die Wucherungen der Bürokratie, die Zunahme des Massenelends in den einen Teilen und die Zunahme von groteskem Reichtum in anderen Teilen der Welt – dies alles zeigt, wie wenig wir unseren eigenen Erfindungen gewachsen sind. Wir brauchen eine Verlangsamung des Fortschritts und betreiben das Gegenteil: die Beschleunigung, aus Angst, ein anderer könne uns damit übervorteilen. Wir gewähren uns die Zeit zum Nachdenken, zum kritischen Vorausdenken, zum Philosophieren nicht. Wir geben den jungen Menschen nicht, was sie brauchen: eine Ausstattung vor allem mit dem Willen zu verstehen, mit der Fähigkeit zu urteilen und zu entscheiden, mit dem Zutrauen in die Möglichkeit, diese Welt menschlich zu gestalten – nicht Ablenkung durch Fernsehen, nicht Abrichtung auf Taste, Schirm und Algorithmus, nicht Abrufung von gesicherten Daten, die uns das riskante und mühsame Denken ersparen sollen. Wir brauchen vor allem in der Kindheit unmittelbare Erfahrung mit greifbaren Folgen – nicht an- und abstellbare Bilderfluten.

Die Untersuchungen der Medienwirkung sind von großer Bedeutung, wenn wir uns über die wichtigen Ziele unserer gesellschaftlichen und persönlichen Existenz geeinigt haben. Wer einen »sozialen Bedarf« für mehr Fernsehprogramme behauptet, muß diesen nachweisen, wohlgemerkt nicht nur eine statistische »Nachfrage«. Ein sozialer Bedarf ist für mich beispielsweise der Schutz des Eigentums oder die Verwirklichung von Gerechtigkeit oder eine die Verständigung in der Kultur ermöglichende Bildung oder die Herstellung von Öffentlichkeit in unserer Republik. Wenn nachgewiesen würde, daß ein Fernsehgerät oder *personal computer* je Person und eine große Zahl wählbarer Programme den Frieden unter den Familienmitgliedern sichern und die Dichte der Kommunikation unter ihnen nicht herabsetzen, dann wäre damit noch kein »sozialer Bedarf« bestätigt, sondern nur eine Befürchtung entkräftet und eine Fülle neuer Fragen aufgeworfen: Wie es dann mit den Beziehungen in der Nachbarschaft, in der Gemeinde, in anderen sozialen Gruppen stehe; welche Programme Gegenstand der festgestellten Kommunikation waren; was da als »Kommunikation« bezeichnet worden ist etc.

Hertha Sturms intelligente Medienforschung findet nach ihrem eigenen Bekunden wenig öffentliches Interesse – ich vermute, weil man ihren Argumenten nicht zutraut, die Wirklichkeit zu verändern. Sie hat beispielsweise jene Halbsekunde erkannt und empirisch beleuchtet, die normalerweise zwischen einem Ereignis und seiner Wahrnehmung liegt, und die uns erlaubt, die hier hilfreiche Erfahrung abzurufen.

»Da notiert man [. . .] als Autofahrer: ›Da rast so ein Idiot auf mich zu.‹ Erwartungsabruf: ›Gleich knallt's.‹ Erfahrungsabruf: ›Gas weg, rechts ran, bremsen.‹« (Sturm, S. 6)

Am Bildschirm ist das anders. Der Zuschauer kann nicht vorhersagen, was das nächste Bild sein wird; seine Erfahrungen und Erwartungen sind nicht gefragt. Hertha Sturm nennt dies den »Verlust der inneren Verbalisierung«. Ich habe mir dazu am Rand notiert: »Fernsehwahrnehmung – verwirrende Fülle von Reizen«. Wissen wir, ob die verwirrende Fülle nicht jenen lebensrettenden »Erwartungsabruf« löscht? Eine Wirkung der Wirkung auf die Wirkung. Nicht daß die Schnitte, Schwenks, Zooms die jeweiligen Darstellungsverläufe unterbrechen, zerstückeln, unvorhersehbar machen, also »den lebensrealen Wahrnehmungserwartungen und Wahrnehmungserfahrungen der Zuschauer zuwiderlaufen«, ist wohl das schlimmste, sondern daß wir uns dessen eines Tages nicht mehr bewußt sein könnten. Bei meinen Schülern vermengen sich die Erinnerungen an Selbsterfahrenes und Ferngesehenes schon heute auf die unheimlichste Weise. Und der Weg, den die von der Forschung hervorgebrachte Erkenntnis über unsere warnende Vernunft in die politische Gestaltung unserer Wirklichkeit zu nehmen hat, ist unendlich weit; wer ihr helfen will, muß bereit sein, es auch mit den ökonomischen und technischen Widerständen aufzunehmen, die die psychologischen und dramaturgischen Gesetze überwältigen. Die wissenschaftliche Kritik an den »grandiosen Irrtümern des Neil Postman« und der politischen Publizistik eines Pädagogen verkennt den Unterschied der Aufträge und der Anlässe. Postman wie mir geht es darum zu klären, was wir Bürger eigentlich wollen, bevor wir uns tief in die neuen Systeme verstricken. Thesenschriften, die die Wünschbarkeit der Telematik auch in unseren Schulen behaupten, argumentieren inzwischen sehr viel vorsichtiger. Thesenschriften, die davor warnen, tun es mit immer scharfsinnigeren Argumenten, leugnen aber immer weniger die Notwendigkeit, sich auf die Sache einzulassen. Meine hier wieder vorgelegte Schrift von 1984 kann getrost sagen: ick bin all do.

Die dem Menschen seit Anbeginn vertraute Wirklichkeit weicht einer neuen – der Kunstwelt des Bildschirms, der Software, der gespeicherten, mechanisch geordneten, zweifelsfreien Information. Das sagt der erste Essay (Kap. I–III). Der zweite Essay (Kap. IV) sagt: Wir brauchen *eben darum* die nicht-mediatisierten, selbst verantworteten, sinnstiftenden Denk-, Wahrnehmungs- und Aneignungsformen – wir brauchen allgemein gebildete Menschen, die sich untereinander verständigen können und wollen. *Dies* ist der kritische Auftrag der Stunde – nicht Vermehrung des Wissens des einzelnen und nicht romantische Abwendung von der neuen Realität.

Bibliographie

Allgemeine Deutsche Realencyklopädie für die Gebildeten Stände (Conversationslexikon) in zwölf Bänden, 8. Aufl., Leipzig 1833ff. (Brockhaus).

Anders, Günther: Die Antiquiertheit des Menschen, Bd. 1: Über die Seele im Zeitalter der zweiten industriellen Revolution. Durch ein Vorwort erweiterte 5. Auflage, München 1980 (C. H. Beck).

Ders.: Die Antiquiertheit des Menschen, Bd. 2: Über die Zerstörung des Lebens im Zeitalter der dritten industriellen Revolution, München 1981 (C. H. Beck).

Aurin, Kurt: Die Herausforderung der gymnasialen Bildung durch Technik und technologischen Wandel. »Pädagogisch-anthropologische Voraussetzungen des Bildungsprozesses«, in: die höhere schule, Heft 10/1983.

Baacke, Dieter: Massenkommunikation, Stuttgart 1978 (Metzler Studienreihe Politik, Bd. 6).

Ders.: Kommunikation und Jugend. Vortrag auf dem Forum Kommunikationskultur des Gemeinschaftswerkes der Evangelischen Publizistik e.V., Berlin 17. 11.–19. 11. 1983.

Bacon, Francis: Novum Organum. dt.: Neues Organ der Wissenschaften, übers. und hrsg. von Anton Theobald Brück, Darmstadt 1974 (Wissenschaftliche Buchgesellschaft).

Bauersfeld, Heinrich: The Disparity of Computer Experience: A Case for Orienting the Syllabus for Elementary Education?, in: Tinsley/Tagg (Hrsg.), siehe dort.

Boeckmann, Klaus: Medien – immer noch »heimliche Erzieher«? – Zur Situation der pädagogischen Medienforschung, in: Die Deutsche Schule, Heft 11/1981.

Der Bundesminister für Bildung und Wissenschaft: Bildung und Wissenschaft, Informationen 4/84.

Das offizielle Btx-Anbieter- und Schlagwörter-Verzeichnis A bis Z, erstellt nach amtlichen Unterlagen der Deutschen Bundespost, Ausgabe 1/83, Ulm 1983 (Verlag des »bildschirmtext magazins«).

Deutscher Ausschuß für das Erziehungs- und Bildungswesen: Zur Situation und Aufgabe der deutschen Erwachsenenbildung, in: Empfehlungen und Gutachten des Deutschen Ausschusses für das Erziehungs- und Bildungswesen 1953–1965. Gesamtausgabe im Auftrage des Ausschusses besorgt von Hans Bohnenkamp, Walter Dirks, Doris Knab, Folge 4, S. 857–928, Stuttgart 1966 (Ernst Klett).

Deutsches Bildschirmtext Telefonbuch. Teilnehmerverzeichnis für den Btx-Mitteilungsdienst in der Bundesrepublik Deutschland, Deutsche Postreklame GmbH (Hrsg.), Frankfurt a. M., Sept. 1983.

Dialog '81, siehe Landespresse- und Informationsamt.

Diderot, Denis: Œuvres Complètes, Bd. 14, Reproduktion der Ausg. Paris 1876 (Garnier Frères), Nendeln 1966 (Kraus).

Doelker, Christian / Franzmann, Bodo / Hartmann, Waltraut / Heginger, Walter (Hrsg.): Immer dieses Fernsehen. Handbuch für den Umgang mit Medien, Wien 1983 (TR-Verlagsunion G.m.b.H.).

Encyclopédie, ou dictionnaire raisonné des sciences, des arts et des métiers par une société de gens de lettres, Paris 1751.

Engholm, Björn: Gegen mehr Fernsehen. Rede auf dem SPD-Forum »Kinder und Fernsehen« am 17. Dezember 1981 in Bonn, in: Pressereferat des Bundesministeriums für Bildung und Wissenschaft (Hrsg.): »Informationen – Bildung, Wissenschaft«, Heft 1/82.

Friedell, Egon: Kulturgeschichte der Neuzeit. Die Krisis der europäischen Seele von der schwarzen Pest bis zum Ersten Weltkrieg, München 1974 (Beck).

Friedrichs, Günter/Schaff, Adam (Hrsg.): Auf Gedeih und Verderb, Mikroelektronik und Gesellschaft; Bericht an den Club of Rome, Frankfurt a. M./Olten/Wien 1982 (Büchergilde Gutenberg).

Funke, Jürgen: Die technische Zubereitung sportlicher Erfahrung als (un-)heimliches Curriculum, in: Neue Sammlung, Heft 1/1984.

Grosser, Alfred: Forum Kommunikation Berlin – Charta – (Entwurf).

Ders.: Erste einleitende Skizze für das Berliner »Hearing« vom 2./3. 9. 1981, Forum Kommunikation »Neue Medien – neue Macht?« (Manuskript)

Ders.: Zweiter einleitender Bericht für das Berliner Gespräch »Neue Medien – neue Macht?« (Manuskript)

Haefner, Klaus: Der »Große Bruder«, Chancen und Gefahren für eine informierte Gesellschaft, Düsseldorf/Wien 1980 (Econ).

Ders.: Die neue Bildungskrise, Herausforderung der Informationstechnik an Bildung und Ausbildung, Basel/Boston/Stuttgart 1982 (Birkhäuser).

Hegel, Georg Wilhelm Friedrich: Enzyklopädie der Philosophischen Wissenschaften im Grundrisse, hrsg. von Friedhelm Nicolin und Otto Pöggeler, 7., durchges. Aufl., erneut durchges. Nachdr., Hamburg 1975 (Meiner).

Held, Robert: Mehr Freude am Computer, in: Frankfurter Allgemeine Zeitung vom 12. 8. 1983.

Hengst, Heinz: Kinderkultur in der Medienwelt, Vortrag auf dem Forum Kommunikationskultur des Gemeinschaftswerkes der Evangelischen Publizistik e.V., Berlin 17. 11.–19. 11. 1983.

Hermann, Ingo/von Keyserlingk, Linde/Kneipp, Hubert (Hrsg. unter Mitarbeit von Meyer, Andreas u. a.): Anderland, Geschichten für Kinder, Tips für Erwachsene; Begleitbuch zur Fernsehserie des ZDF, Ravensburg 1982 (Maier).

von Hentig, Hartmut: Aufwachsen in Vernunft. Kommentare zur Dialektik der Bildungsreform, Stuttgart 1981 (Klett-Cotta).

Jones, R.: Micro-Primer. A Foundation Course for Teachers in Primary Schools, in: Tinsley/Tagg (Hrsg.), siehe dort.

Krüss, James: Meyers Buch vom Menschen und von seiner Erde. Gemalt von Hans Ibelshäuser und Ernst Kahl, Mannheim, Wien, Zürich 1983 (Bibliographisches Institut).

Landespresse- und Informationsamt Nordrhein-Westfalen (Hrsg.): Im Gespräch: »Neue Medien«, Dialog ’81, Heft 3.

Lawler, R. W.: The Progressive Construction of Mind, Cognitive Science 5/1981.

Lexikothek / Das Neue Lexikon. Basiswissen und Zusammenhangwissen, hrsg. vom Bertelsmann Lexikon-Verlag, Gesamtwerk 25 Bände, AZ-Lexikon 10 Bände, Thema-Lexikon 14 Bände, Atlas International, Gütersloh 1972ff. (Bertelsmann).

Mander, Jerry: Four Arguments for the Elimination of Television, New York 1978 (Morrow Quill Paperback); deutsch: Schafft das Fernsehen ab! Eine Streitschrift gegen das Leben aus zweiter Hand, Reinbek 1979 (Rowohlt).

McLuhan, Marshall: Understanding Media: The Extensions of Man, New York 1966 (Signet Books).

Meyers Enzyklopädisches Lexikon in 25 Bänden, Mannheim, Wien, Zürich 1971ff. (Bibliographisches Institut).

Mittelstraß, Jürgen: Vom Nutzen der Enzyklopädie, in: Meyers Enzyklopädisches Lexikon, Bd. 1, S. IX–XIX, Mannheim, Wien, Zürich 1971 (Bibliographisches Institut).

Naisbitt, John: Megatrends. Zehn Perspektiven, die unser Leben verändern werden, Bayreuth 1984 (Hestia)

Noelle-Neumann, Elisabeth: Auswirkungen des Kabelfernsehens. Erster Bericht über Ergebnisse der Begleitforschung zum Pilot-Projekt Ludwigshafen/Vorderpfalz (Materialien Band 1), Berlin/Offenbach 1985 (VED-Verlag).

Nowotny, Helga: The Information Society: Its Impact on the Home, Local Community and Marginal Groups; Keynote paper prepared for the EEC-Conference »The Transition to an Information Society: the benefits and risks associated with micro-electronic applications«, London, January 25–29, 1982.

Onlein, Ferdinand: »Der Vandalismus nimmt im allgemeinen zu«. Alltäglicher Widerstand oder Computerstürmerei, in: Wechselwirkung, Heft 7/1980.

Orwell, George: Neunzehnhundertvierundachtzig, Zürich 1950 (Diana).

Papert, S.: Mindstorms, Brighton 1980 (Harvester Press).

Picht, Georg: Enzyklopädie und Bildung (1971), in: Ders.: Hier und Jetzt. Philosophieren nach Auschwitz und Hiroshima, S. 249–255, Stuttgart 1980 (Klett-Cotta).

Platon: Phaidros.

Postman, Neil: Das Verschwinden der Kindheit. Frankfurt a. M. 1983 (S. Fischer).

Rapp, Hans Reinhard: Wohin mit der Information? Die kultivierte Ignoranz, Göttingen 1972 (Vandenhoeck & Ruprecht).

Reuter, Edzard: Politische Probleme auf dem Weg zur telematischen Gesellschaft – 20 Thesen für das Forum Kommunikation »Neue Medien – neue Macht?«, Berlin, 2./3. 9. 1981.

Rolff, Hans Günter: Zwangs-Entschulung durch neue Medien? – (über Bernd Schorb: Familie am Bildschirm), in: betrifft: erziehung, Heft 11/1983.

Ders.: Neue Technologien und die Zukunft der Schule. Einleitungsvortrag auf der Landesvertreterversammlung der GEW NW am 2. 2. 1984 in Hagen.

Schmidt, Egon: Computer mit dem Wissen des Fachmanns, in: Frankfurter Allgemeine Zeitung vom 10. 8. 1983.

Schorb, Bernd: Familie am Bildschirm. Neue Medien im Alltag. In Zusammenarbeit mit dem Südwestfunk; Frankfurt a. M. 1982 (Ullstein).

Schubenz, Siegfried: Mit Computern gegen den neuen Analphabetismus. Programmierwissen im Unterricht ist eine Chance für die Kinder, in: DIE ZEIT, Nr. 4, vom 20. 1. 1984.

Schwarz-Schilling, Christian: Auf dem Weg in eine Kommunikationsgesellschaft. Auszüge aus dem Grundsatzreferat auf dem Fachkongreß »Neue Medien« während der Internationalen Funkausstellung in Berlin, in: Zeitschrift für das Post- und Fernmeldewesen, Heft 10/1983.

Seetzen, Jürgen: Telekommunikation – Neue Medien. Technische und wirtschaftliche Perspektiven; als Manuskript vorgelegt zum Forum Kommunikation »Neue Medien – neue Macht?«, Berlin 2./3. 9. 1981.

Der Senator für Wissenschaft und Kulturelle Angelegenheiten, Berlin (Hrsg.): Neue Medien – neue Macht?, Bericht über ein Forumsgespräch zu Chancen und Risiken der neuen Kommunikationstechnologien, Berlin, Sept. 1981.

Sieghart, Paul: Computers, Information, Privacy and the Law; Offprint from the Journal of The Royal Society for the Encouragement of Arts, Manufactures and Commerce, 1977.

Spiegel-Report »Das hat sich überhaupt nicht gelohnt«, in: Spiegel, Heft 31, vom 1. 8. 1983.

Sturm, Hertha/Holzheuer, Katharina/Helmreich, Reinhard: Emotionale Wirkungen des Fernsehens – Jugendliche als Rezipienten, München/New York 1978 (Saur – Schriftenreihe Internationales Zentralinstitut für das Jugend- und Bildungsfernsehen; Nr. 10).

Sturm, Hertha: Wie Kinder mit dem Fernsehen umgehen: Nutzen und Wirkung eines Mediums, Stuttgart 1979 (Klett-Cotta).

Dies.: Die grandiosen Irrtümer des Neil Postman, in: Evangelischer Pressedienst, Nr. 71, Frankfurt 10. 9. 1986 (Haus der Evangelischen Publizistik).

Taylor, Elyseo Jose: Mass Media and the Social Dialogue, one experience; delivered: 20th September 1976, at the conference on »The Role at the Mass Media in Enlisting Public Support for Marginal Groups«, conducted by the European Centre for Social Welfare & Research, Bellagio, Italy.

Tinsley, J. D./Tagg, E. D. (Hrsg.): Informatics in Elementary Education. Proceedings of the IFIP WG 3.1 Working Conference on Informatics in Elementary Education, Malente, 25–29 July 1983; Amsterdam/New York/Oxford 1984 (North-Holland).

Wagenschein, Martin: Natur physikalisch gesehen. Eine Handreichung zur physikalischen Naturlehre für Lehrer aller Schularten, Frankfurt a. M./Berlin/Bonn 1953 (Moritz Diesterweg).

Weizenbaum, Joseph: Computer Power and Human Reason, From Judgment to Calculation, San Francisco 1976 (W. H. Freeman and Company).

Winn, Marie: Die Droge im Wohnzimmer, Reinbek 1979 (Rowohlt).